ESSAI DE STATISTIQUE COMPARÉE

DU

SURPEUPLEMENT DES HABITATIONS

A PARIS

ET DANS LES GRANDES CAPITALES EUROPÉENNES

PAR LE

Dr Jacques BERTILLON

CHEF DES TRAVAUX STATISTIQUES DE LA VILLE DE PARIS
MEMBRE DU COMITÉ CONSULTATIF D'HYGIÈNE PUBLIQUE DE FRANCE

2e ÉDITION

PARIS
IMPRIMERIE ET LIBRAIRIE CENTRALES DES CHEMINS DE FER
IMPRIMERIE CHAIX
SOCIÉTÉ ANONYME AU CAPITAL DE CINQ MILLIONS
Rue Bergère, 20
1895

STATISTIQUE DE L'HABITATION

Nombre de pièces dont se composent les logements.
Nombre des habitants qui les occupent.

La première colonne de gauche a 3 millimètres de large, elle est relative aux logements composés de 1 seule pièce.
La seconde colonne (6 m.m. de large) est relative aux logements composés de 2 pièces, et ainsi de suite, chaque colonne étant d'autant plus large qu'elle représente des logements plus étendus (3 millimètres = 1 pièce).

Chacune de ces colonnes a une hauteur proportionnelle au nombre de logements (1 millimètre = 1.500 logements).

De ce qui précède il résulte que la surface de chaque colonne est proportionnelle au nombre de pièces existant dans chaque catégorie de logement (1 millimètre carré représente 500 pièces). Par exemple la 3e colonne, consacrée aux logements de 3 pièces, qui sont à Paris au nombre de 154.431, a une hauteur de 103 millimètres et 9 millimètres de large, sa surface est donc 103×9=927 millimètres carrés, surface proportionnelle aux 463.300 pièces contenues dans ces logements.

Chacune des colonnes est divisée en segments correspondant aux différentes catégories de ménages qui y habitent, et de longueur proportionnelle au nombre de ces ménages. Ces segments sont notés par des lignes noires dont le nombre indique le nombre d'habitants qui composent les ménages.

Ainsi la 3e colonne présente un premier segment noté d'un seul trait noir: il représente donc par sa hauteur le nombre de ménages de 1 personne logés dans un logement de 3 pièces; il a près de 13 millimètres de haut parce que les ménages logés dans de telles conditions sont au nombre de 19.012. Le segment situé au-dessus et noté de 2 traits noirs a un peu plus de 29 millimètres de haut parce que les ménages de 2 personnes logés dans les logements de 3 pièces sont au nombre de 43.973, et ainsi de suite.

Lorsque ces habitants sont trop nombreux, et qu'il y a encombrement, ces lignes noires se touchent, et la colonne est teintée en noir. Cela n'arrive que pour les 3 premières colonnes. L'encombrement est trop rare dans les logements de 4 pièces et au-dessus pour qu'on ait pu le figurer.

C'est d'après les règles indiquées ci-dessus qu'ont été établis les diagrammes relatifs à Berlin, Vienne, Saint-Pétersbourg et Moscou.

PARIS 1891

315.286 — 226.504 — 154.431 — 83.997 — 38.597 — 23.873 — 13.679 — 9.147 — 5.540 — 13.291

1 Ch. 2 Ch. 3 Ch. 4 Ch. 5 Ch. 6 Ch. 7 Ch. 8 Ch. 9 Ch. 10 Ch. et plus.

BERLIN 1885

31.571 — 98.515 — 96.562 — 37.420 — 40.858

1 Ch. 2 Ch. 3 Ch. 4 Ch. 5 Ch. et plus

MOSCOU 1882

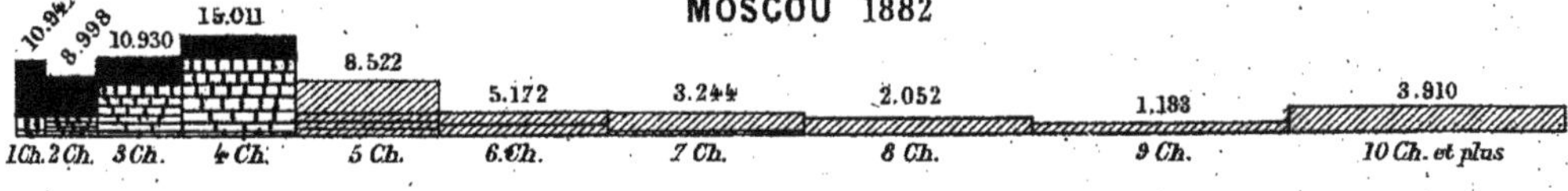

Lorsque le nombre des habitants d'une catégorie de logements n'a pu être représenté par le nombre des raies verticales, celles-ci ont été remplacées par des grisés d'autant plus foncés que le nombre des habitants était plus considérable.

Pour rendre les résultats parisiens comparables à ceux de Vienne et de Saint-Pétersbourg, malgré que les statistiques de ces deux dernières villes soient présentées sous une forme différente de la nôtre, on a construit un diagramme spécial ou les chiffres de Paris ont reçu la forme qu'on leur a donnée dans ces deux grandes villes.

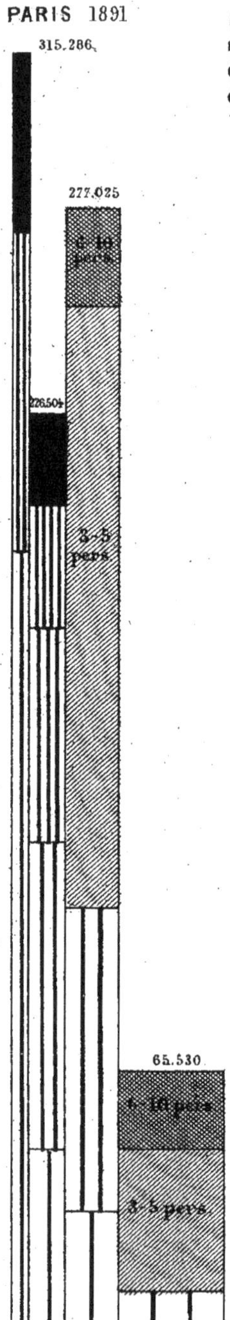

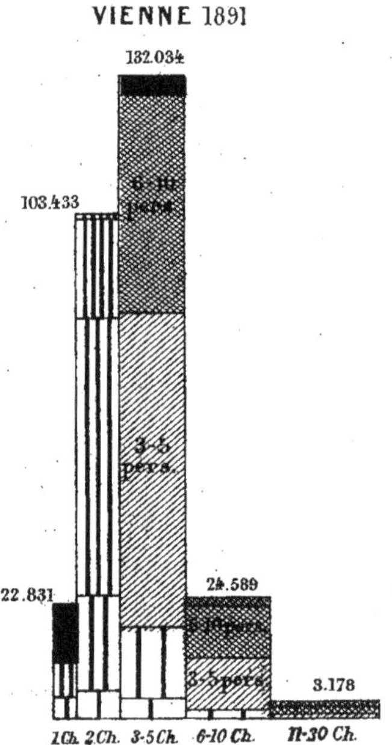

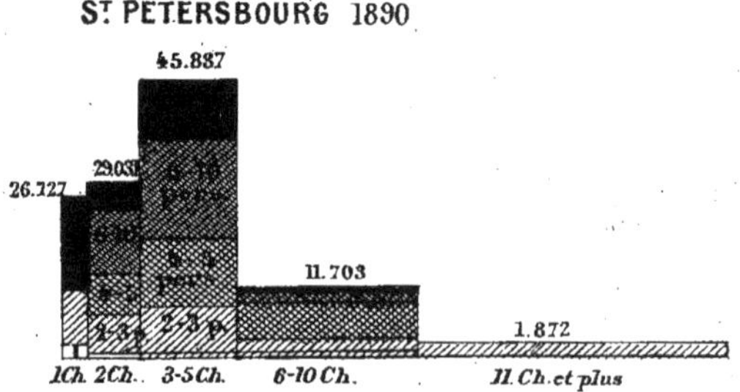

ESSAI DE STATISTIQUE COMPARÉE

DU

SURPEUPLEMENT DES HABITATIONS

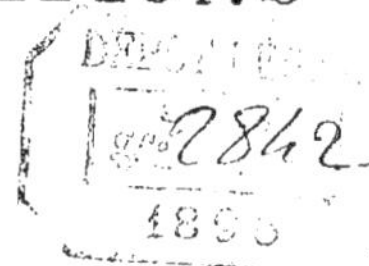

A PARIS

ET DANS LES GRANDES CAPITALES EUROPÉENNES

PAR LE

Dr Jacques BERTILLON

CHEF DES TRAVAUX STATISTIQUES DE LA VILLE DE PARIS

MEMBRE DU COMITÉ CONSULTATIF D'HYGIÈNE PUBLIQUE DE FRANCE

2e ÉDITION

PARIS

IMPRIMERIE ET LIBRAIRIE CENTRALES DES CHEMINS DE FER

IMPRIMERIE CHAIX

SOCIÉTÉ ANONYME AU CAPITAL DE CINQ MILLIONS

Rue Bergère, 20

1895

ESSAI DE STATISTIQUE COMPARÉE
DU
SURPEUPLEMENT DES HABITATIONS
A PARIS
ET DANS LES GRANDES CAPITALES EUROPÉENNES

SITUATION DES HABITANTS PAR RAPPORT A LEURS HABITATIONS

La statistique n'avait pas, jusqu'à présent, déterminé en France dans quelles conditions de logement vit la population. Cette recherche, qui a été conduite avec beaucoup de soin dans les villes d'Allemagne, d'Autriche-Hongrie et de Russie, a rendu dans ces pays les plus grands services en montrant dans quelles conditions déplorables vit une partie de la population et en déterminant les pouvoirs publics à prendre des mesures efficaces pour remédier à ce mal. A Paris, nous avons entrepris une statistique de ce genre lors du recensement de 1891.

PARIS

Cette recherche se résume dans un tableau qui a pour but de faire connaître le degré d'encombrement dans lequel vit une partie de la population parisienne. Il exprime combien de fois il arrive que 1, 2, 3, 4....9, 10 personnes et plus, vivent dans les logements composés de 1, 2, 3, 4....9, 10 pièces et au-dessus.

On doit faire des réserves sur son exactitude.

Dans la banlieue, une partie des habitants ont craint que cette enquête ne fût destinée à quelque impôt nouveau et n'ont pas répondu ou ont répondu très inexactement (1).

A Paris, les habitants ont presque tous répondu à la question qui leur était posée sur la composition de leur logement (2), mais ils n'ont pas toujours bien compris la question.

Voici comment elle était formulée (elle n'était pas posée aux établissements collectifs, tels que : casernes, établissements d'instruction, couvents, prisons, etc.) :

FEUILLE DE MÉNAGE

Nombre de pièces dont se compose le logement (corridors et cabinets d'aisances *non compris*).

	RÉPONSES
Combien de pièces privées de fenêtres? (corridors et cabinets d'aisances non compris)............	
Combien de pièces ayant une ou plusieurs fenêtres sur la rue?....................................	
— — — sur la cour?....................................	
— — — sur le jardin?....................................	
TOTAL DES PIÈCES..........	
Sur ce total, combien y a-t-il de pièces à cheminée?..	

(1) Les chiffres fournis par la banlieue nous ont paru trop peu certains pour mériter d'être publiés.

(2) Seulement 2 0/0 ont négligé de répondre et encore, parmi ces derniers, la moitié se composait d'individus vivant seuls dans des logements de peu d'importance.

Il résulte de ce texte que le mot *pièce* devait être pris dans son acception la plus large avec cette seule restriction que les corridors et cabinets d'aisances ne devaient pas être comptés comme *pièces*. Ainsi, une cuisine, une chambre de domestique, même située dans les combles, une antichambre ou un cabinet de débarras (lorsque ces pièces étaient plus grandes (1) qu'un corridor) devaient être comptées comme *pièce*. Il est certain que quelques habitants n'ont pas pris le mot *pièce* dans un sens aussi compréhensif : quelquefois la cuisine a été omise; quelquefois encore, une antichambre, assez vaste pour pouvoir, au besoin, contenir un lit, a été considérée comme n'étant pas une pièce; plus souvent encore, les chambres de domestiques, situées sous les combles, ont été oubliées. En général, on peut croire que le nombre de pièces déclaré a été *un peu inférieur* à ce qu'il aurait fallu, étant donnée la forme de la question.

Ces omissions ne se sont guère produites, d'ailleurs, que dans les appartements d'une certaine importance; or, nous verrons que ce sont surtout les logements de médiocre importance qui donnent lieu à des remarques dignes d'attention. On peut donc admettre que les omissions commises n'altèrent pas sensiblement l'exactitude des conclusions auxquelles nous serons conduits.

Il existe une ressemblance assez remarquable entre le nombre des ménages composés de 1, 2, 3... 10 personnes et le nombre des logements composés de 1, 2, 3... 10 pièces.

COMPOSITION DES MÉNAGES ET COMPOSITION DES LOGEMENTS A PARIS (1891)

S'il y a	272.431	ménages (2)	composés de 1	personne,	soit 31 %,	il y a	315.286	logements	composés de 1	pièce,	soit 35 %.
—	236.179	—	2	—	27	—	226.504	—	2	—	26
—	164.120	—	3	—	18,5	—	154.431	—	3	—	17
—	101.079	—	4	—	11	—	83.997	—	4	—	10
—	55.421	—	5	—	6	—	38.597	—	5	—	5
—	28.286	—	6	—	3	—	23.873	—	6	—	3
							13.679	—	7	—	
—	23.105	—	7, 8 ou 9	—	3	—	9.147	—	8	—	3
							5.540	—	9	—	
—	3.724	—	10 et plus	—	0,5	—	13.291	—	10 et plus	—	1
Totaux :	884.345 (3)				100,0		884.345				100

On voit que, en général, la composition des logements correspond assez bien à la composition des ménages et qu'il y a assez de pièces pour loger confortablement, à raison d'une personne par pièce, tous les habitants de Paris. Mais, lorsqu'on met chaque catégorie de logements en regard de la population qui s'y trouve logée, on voit à quel point il n'en est pas ainsi; beaucoup de ménages ayant plus de logement qu'il ne leur en faut, tandis qu'un grand nombre d'autres souffrent d'encombrement.

---

(1) D'après les instructions aux recenseurs, ces locaux devaient compter comme pièce lorsqu'il était possible, au besoin, d'y mettre un lit, c'est-à-dire, lorsqu'ils avaient, au moins, $2^{m} \times 1^{m},50$.

(2) Il s'agit des ménages présents qui ont fait connaître la composition de leur logement.

(3) En outre, 22.268 ménages (dont 10.412 composés d'une seule personne) n'ont pas fait connaître le nombre de pièces dont se compose leur logement. L'existence de quelques ménages qui, à vrai dire, n'ont point de logement (habitant un bateau, une voiture, etc.), celle d'un certain nombre de ménages absents de Paris le 12 avril 1891, explique la différence peu importante qui existe entre ce total (884.345 + 22.268 = 906.613) et le nombre total des ménages (910.434) recensés à Paris.

Voici, en effet, les résultats les plus généraux de notre enquête :

SITUATION DES HABITANTS DE PARIS PAR RAPPORT A LEURS HABITATIONS

NOMBRES ABSOLUS

NOMBRE de LOGEMENTS COMPOSÉS DE	NOMBRE DE MÉNAGES COMPOSÉS DE								
	1 PERSONNE	2 PERSONNES	3 PERSONNES	4 PERSONNES	5 PERSONNES	6 PERSONNES	7, 8 ou 9 PERSONNES	10 PERSONNES ou plus	TOTAUX
1 pièce	192.824	78.431	28.475	10.429	3.462	1.161	490	14	315.286
2 pièces	45.988	75.473	52.228	29.067	13.913	6.026	3.741	98	226.504
3 —	19.012	43.973	40.027	26.162	13.794	6.715	4.575	173	154.431
4 —	8.693	21.244	21.239	15.469	9.230	4.445	3.470	178	83.997
5 —	3.274	8.562	9.570	7.641	4.814	2.558	2.028	150	38.597
6 —	1.463	4.380	5.585	4.912	3.526	1.997	1.832	178	23.873
7 —	538	1.938	3.019	2.728	2.280	1.403	1.449	264	13.679
8 —	282	978	1.721	1.820	1.540	1.252	1.278	276	9.147
9 —	130	462	803	1.037	940	839	949	290	5.540
10 — et plus	227	738	1.343	1.814	1.913	1.800	3.353	2.103	13.291
TOTAUX	272.431	236.179	164.120	101.079	55.421	28.286	23.105	3.724	884.345

Ce tableau permet plusieurs calculs instructifs : Il permet de voir le genre d'utilité que reçoivent les logements composés de 1, 2, 3..., 10 pièces. C'est ce qu'indique le tableau suivant :

PARIS 1891

SUR 100 LOGEMENTS DE CHAQUE CATÉGORIE, COMBIEN SONT HABITÉS PAR DES MÉNAGES DE CHAQUE CATÉGORIE ?

CATÉGORIES de LOGEMENTS	CATÉGORIES DE MÉNAGES								
	1 PERSONNE	2 PERSONNES	3 PERSONNES	4 PERSONNES	5 PERSONNES	6 PERSONNES	7, 8 ou 9 PERSONNES	10 PERSONNES ou plus	TOTAUX
1 pièce	61	25	9	3,3	1	0,4	0,2	0,1	100
2 pièces	20	33	23	13	6	3	1,6	0,4	100
3 —	12	29	26	17	9	4	3	—	100
4 —	11	25,4	25,4	18	11	5	4	0,2	100
5 —	8	22	26	20	12	6,6	5	0,4	100
6 —	6	18	23	21	15	8	8	1	100
7 —	4	14	22	20	17	11	10	2	100
8 —	3	11	19	20	17	13	14	3	100
9 —	2	9	16	19	17	15	17	5	100
10 — et plus	2	6	10	14	14	13	25	16	100
TOTAUX	31	27	18,5	11	6	3	3	0,5	100

On peut encore calculer comment sont logées les familles composées de 1, 2, 3,... 10 personnes. — C'est ce qu'indique le tableau suivant :

PARIS 1891

SUR 100 MÉNAGES DE CHAQUE CATÉGORIE, COMBIEN SONT LOGÉS DANS DES LOGEMENTS DE CHAQUE CATÉGORIE?

CATÉGORIES de LOGEMENTS	CATÉGORIES DE MÉNAGES								
	1 PERSONNE	2 PERSONNES	3 PERSONNES	4 PERSONNES	5 PERSONNES	6 PERSONNES	7, 8 ou 9 PERSONNES	10 PERSONNES ou plus	TOTAUX
1 pièce	71	33	17	10	6	4	2	0,4	35
2 pièces	17	32	32	29	25	22	16	2,6	26
3 —	7	18,6	24	26	25	24	20	5	17
4 —	3	9	13	15	17	16	15	5	10
5 —	1,2	4	6	7	9	9	9	4	5
6 —	0,5	2	3,5	5	6	7	8	5	3
7 —	0,2	1	2	3	4	5	6	7	2
8 —	0,1	0,4	1	2	3	4	5	7	1
9 —	—	—	0,5	1	2	3	4	8	—
10 — et plus	—	—	1	2	3	6	15	56	1
TOTAUX	100	100	100	100	100	100	100	100	100

On résumera assez exactement ce tableau en disant que, toutes choses égales d'ailleurs, plus les familles sont nombreuses, plus elles sont mal logées. — En effet, 35 0/0 des familles de 2 personnes disposent de plus d'une pièce par personne; 27 0/0 des familles de 3 personnes ont le même avantage; la proportion s'abaisse à 20 seulement pour les familles de 4 personnes; à 18 pour les familles de 5 personnes; à 13, enfin, pour celles de 6 personnes.

Cherchons à évaluer le nombre de cas dans lesquels cet encombrement est excessif :

Il est manifeste qu'un logement composé d'une seule pièce n'est pas encombré s'il n'est habité que par une seule personne, même si la pièce est très petite comme c'est le cas général. On peut même admettre qu'un tel logement n'est pas encombré s'il est habité par 2 personnes; mais il y a certainement encombrement excessif, si cette pièce unique (presque toujours très petite) est habitée par 3 personnes, forcées le plus souvent d'y faire de la cuisine.

De même un logement composé de 2 pièces (dont l'une, étant donnée la définition du mot *pièce*, peut être une cuisine, ou une chambre sans fenêtre) n'est évidemment pas encombré s'il est occupé par 2 ou même par 3 personnes. Nous admettons, même, qu'il n'y a pas encombrement excessif s'il est occupé par 4 personnes. Mais il y a encombrement excessif, antihygiénique et même immoral si 5 personnes s'entassent dans un espace aussi restreint.

Une définition analogue de l'encombrement excessif peut être donnée pour des logements composés de 3 ou 4 pièces. Nous admettons qu'il y a *encombrement* ou *surpeuplement* lorsque le nombre des membres du ménage dépasse le double du nombre des pièces, par exemple lorsqu'un logement de 3 pièces est occupé par 7 personnes ou lorsqu'un logement de 4 pièces est occupé par 9 personnes.

Cela étant admis, voici le nombre des ménages trop étroitement logés à Paris :

NOMBRE ABSOLU DES MÉNAGES ET DES PERSONNES TROP ÉTROITEMENT LOGÉS

NOMBRE DE MÉNAGES	NOMBRE DES MÉNAGES COMPOSÉS DE						
	3 PERSONNES	4 PERSONNES	5 PERSONNES	6 PERSONNES	7 à 9 PERSONNES	10 PERSONNES et plus	TOTAL
Qui vivent dans des logements composés de 1 pièce	28.475	10.429	3.462	1.161	490	14	44.031
2 pièces	—	—	13.913	6.026	3.711	98	23.748
3 —	—	—	—	—	4.575	173	4.748
4 —	—	—	—	—	—	178	178
Total des **ménages** trop étroitement logés	28.475	10.429	17.375	7.187	8.776	463	72.705
Multipliant ce dernier chiffre par....	× 3	× 4	× 5	× 6	× 8	× 10	—
on obtient le nombre des **personnes** trop étroitement logées	85.425	41.716	86.875	43.122	70.208	4.630	331.976

Ainsi environ 331.976 Parisiens, c'est-à-dire 14 0/0 d'entre eux, vivent dans l'état d'encombrement excessif que nous avons défini plus haut (1).

La Ville de Paris paie très généreusement l'impôt des personnes qui occupent un local valant moins de 500 francs par an. Voici (2) le nombre des locaux ainsi dégrevés.

NOMBRE DE LOCAUX NON IMPOSABLES A PARIS

Loyer réel de 1 à 299 francs	358.395 (3)
— 300 à 499 —	165.201
	523.596

En outre, il existe 76.967 locaux valant moins de 500 francs par an, mais imposables cependant parce qu'ils sont occupés par des patentés ou des propriétaires. Au total, il existe 600.563 locaux valant moins de 500 francs par an.

Il n'est nullement téméraire d'affirmer que la plupart de ces locaux sont composés de 1 ou 2 pièces au plus.

Or, parmi les locaux d'une seule pièce, il y en a 192.824 (soit les deux tiers) qui sont habités par des individus vivant seuls, qui n'ont pas besoin de locaux plus spacieux; parmi les locaux de 2 pièces, il y en a 75.473 qui sont habités par des ménages de 2 personnes qui s'y trouvent parfaitement à l'aise, et enfin, — chose plus remarquable encore, — il y a 45.988 logements de 2 pièces qui sont habités par des individus vivant seuls, qui

(1) On résumerait imparfaitement les chiffres ci-dessus, en disant que, en moyenne, ces 331.976 Parisiens trop étroitement logés constituent des familles de 4 personnes et demie logées dans des logements de 1 pièce et demie. (Une cuisine, un réduit sans fenêtre étant comptés comme pièces.) Pour compléter cette recherche, il faudrait avoir le cube des pièces. Il est évidemment impossible de le demander au recensement. Rappelons seulement que les règlements actuels exigent que la hauteur des appartements de Paris soit au moins de 2m,60 dans les maisons nouvelles et que cette hauteur, qui n'est pas toujours atteinte dans les constructions anciennes, n'est sensiblement dépassée que dans les grands appartements. Dans les logements encombrés, les pièces sont généralement très petites.

(2) Rappelons que le nombre des locaux trouvés par les contributions directes n'est pas comparable au nombre de locaux (plus exactement au nombre de ménages) trouvés par le recensement, car les définitions sont entièrement différentes.

(3) Dans ce chiffre est compris un nombre insignifiant de locaux valant plus de 500 francs par an, mais non imposables pour un motif quelconque.

pourraient fort bien se contenter d'une seule pièce et pour qui un logement de 2 pièces constitue presque un luxe. Au total sur les 541.790 logements de 1 ou 2 pièces, qui sont presque tous dégrevés aux frais des autres contribuables, il y en a près de 400.000 dont le faible loyer n'est nullement un indice de pauvreté.

Au lieu de les dégrever, ne vaudrait-il pas mieux secourir les familles nombreuses réduites à s'entasser dans des logements évidemment trop étroits? Il est permis peut être de poser la question.

En termes plus généraux, ne faudrait-il pas, pour calculer le taux de l'impôt, tenir compte non seulement de la valeur des logements, mais encore du nombre de personnes qui y vivent?

La proportion des personnes qui souffrent de l'encombrement excessif que nous venons de définir, varie considérablement dans les différents quartiers de Paris.

Le tableau de la page 10 en donne l'indication. Le cartogramme suivant en représente graphiquement le résumé :

On peut faire pour chacun des arrondissements de Paris une recherche semblable à celle qu'on a trouvée dans le tableau de la page 7, et rechercher quel est le nombre absolu des habitants des logements *surpeuplés* (nous admettons qu'un logement est encombré ou surpeuplé lorsqu'il contient plus de 2 habitants par pièce). Ce nombre absolu d'habitants mal logés étant connu, on peut le comparer au nombre total des habitants de l'arrondissement. On obtient ainsi des chiffres que nous représentons par le cartogramme suivant :

PARIS 1891

HABITANTS MAL LOGÉS

SUR 10.000 HABITANTS DE CHAQUE ARRONDISSEMENT, COMBIEN SONT LOGÉS TROP ÉTROITEMENT ?

(plus de 2 habitants par pièce)

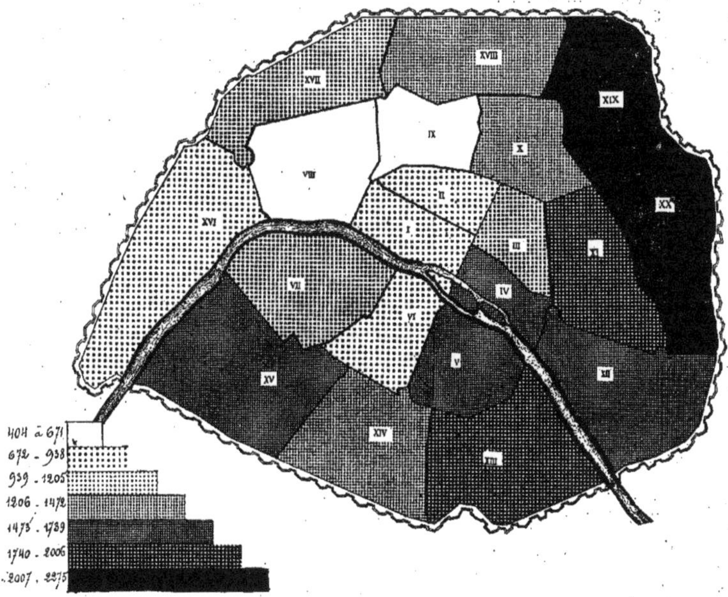

Il est curieux de voir la ressemblance qui existe entre la fréquence de l'encombrement et l'élévation de la mortalité. C'est ce que montre le cartogramme suivant :

PARIS 1886-90

POUR 1.000 HABITANTS, COMBIEN DE DÉCÈS EN UN AN ?

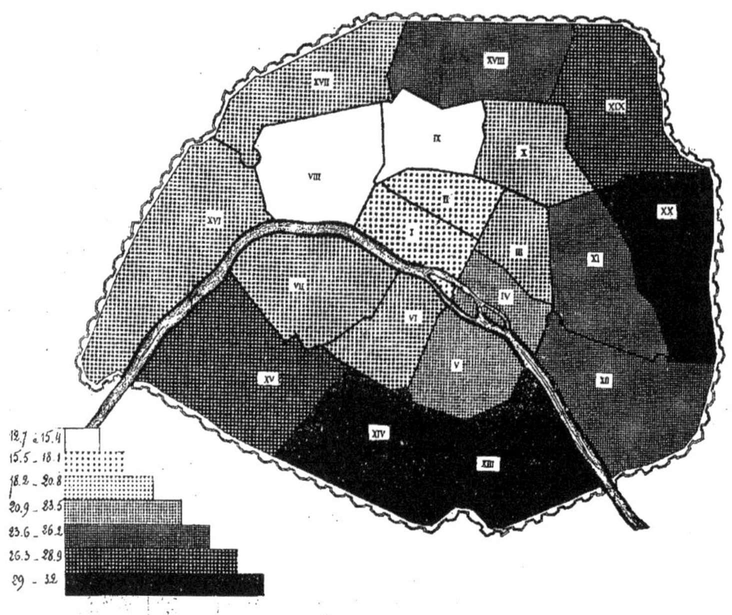

Il est manifeste que l'encombrement n'est pas le seul facteur de la mortalité, et que nos deux cartogrammes ne sont que deux représentations de la fréquence de la misère dans les différents quartiers de Paris. La ressemblance des deux cartogrammes n'en est pas moins remarquable.

Nous nous proposons, dans les pages qui suivent, de comparer la statistique des logements à Paris aux documents analogues relatifs aux très grandes villes européennes, à savoir : Berlin, Londres, Vienne, Budapest, Saint-Pétersbourg et Moscou.

Sur Londres, la statistique est très incomplète. Sur les autres grandes villes, elle demanderait, pour être pleinement instructive, un développement que nous ne pouvons lui donner ici. Les très pauvres gens ont dans les quatre grandes capitales que nous avons énumérées, des habitudes parfaitement inconnues à Paris. Un très grand nombre sont *Aftermiether* (littéralement « sous-locataires ») c'est-à-dire qu'ils logent dans d'autres ménages; beaucoup aussi sont *Schlafleute* (littéralement « gens de sommeil » ou *Bettgeher* (littéralement « qui vont dans un lit ») mot qu'on traduit par « locataires de lit »; mais cette locution n'a pas de sens en français parce qu'elle signifie une chose qui n'existe pas dans les villes françaises. Ce sont des gens qui prennent en location un lit (ou même, dans des cas plus rares, une portion de lit), dans une chambre habitée par d'autres personnes appartenant à une autre famille. Autrefois, il y avait à Paris des gens qui vivaient « en

*

PARIS 1891 — NOMBRES ABSOLUS

Arrondissements	LOGEMENTS COMPOSÉS DE	NOMBRE DE MÉNAGES COMPOSÉS DE								
		1 PERSONNE	2 PERSONNES	3 PERSONNES	4 PERSONNES	5 PERSONNES	6 PERSONNES	7, 8, 9 PERSONNES	10 PERSONNES et plus	TOTAL
1er, 2e, 3e et 4e Arrondissements	1 pièce	34.746	13.253	4.217	1.379	433	159	70	5	54.262
	2 pièces	5.447	10.202	6.478	3.216	1.197	477	284	13	27.104
	3 —	1.869	5.796	4.568	2.868	1.393	549	368	28	17.439
	4 —	1.115	2.916	2.752	1.984	1.241	479	361	28	10.876
	5 —	427	1.350	1.624	1.263	797	389	280	28	6.158
	6 —	283	770	911	689	634	313	301	33	3.934
	7 —	105	304	525	448	402	278	254	35	2.351
	8 —	61	170	290	291	242	164	194	35	1.447
	9 —	25	78	167	174	123	119	135	29	850
	10 —	41	100	235	269	271	194	339	150	1.596
	TOTAUX	44.119	35.029	21.467	12.581	6.733	3.118	2.586	384	126.017
5e, 6e et 7e Arrondissements	1 pièce	30.531	9.052	3.602	1.339	422	193	96	4	45.239
	2 pièces	7.112	9.304	6.202	2.747	1.265	542	333	15	27.520
	3 —	2.617	5.098	4.418	2.342	1.237	561	403	27	16.403
	4 —	1.158	2.629	2.797	1.788	976	438	323	15	10.124
	5 —	426	1.199	1.481	1.069	671	355	283	30	5.514
	6 —	130	630	890	886	573	355	343	40	3.847
	7 —	66	255	461	420	378	268	313	39	2.200
	8 —	27	77	237	277	253	222	258	46	1.397
	9 —	7	62	135	159	146	152	210	50	921
	10 —	31	69	123	174	264	304	608	366	1.939
	TOTAUX	42.105	28.375	20.046	11.201	6.185	3.390	3.170	632	.115.104
8e, 9e, 16e, 17e Arrondissements	1 pièce	34.844	12.942	4.300	1.466	396	78	13	2	54.131
	2 pièces	10.142	12.977	7.215	3.394	1.461	563	295	10	36.059
	3 —	5.643	7.872	6.425	3.746	1.762	704	449	15	26.616
	4 —	2.926	5.140	4.333	2.706	1.551	653	443	29	17.863
	5 —	1.400	2.826	2.893	2.019	1.185	643	394	26	11.386
	6 —	649	1.609	2.000	1.013	1.494	640	499	61	8.235
	7 —	243	857	1.286	1.119	944	617	493	161	5.720
	8 —	100	465	746	793	683	596	520	169	4.078
	9 —	64	186	380	474	489	446	446	196	2.681
	10 —	98	385	664	1.098	1.063	1.062	1.946	1.470	7.786
	TOTAUX	56.085	45.259	30.352	18.488	10.728	6.006	5.498	2.139	174.555
10e et 11e Arrondissements	1 pièce	31.336	13.850	5.063	1.873	627	198	83	4	53.034
	2 pièces	6.448	13.035	8.961	4.908	2.566	947	568	42	37.475
	3 —	2.825	7.366	6.647	4.390	2.244	1.066	650	60	25.248
	4 —	1.173	3.281	3.294	2.529	1.387	688	437	58	12.847
	5 —	440	1.267	1.432	1.150	826	386	291	36	5.828
	6 —	189	559	796	673	467	264	246	20	3.217
	7 —	58	231	360	330	243	162	148	19	1.551
	8 —	41	115	207	223	174	128	129	16	1.033
	9 —	13	47	98	104	94	65	64	10	495
	10 —	25	52	126	115	115	90	152	73	748
	TOTAUX	42.548	39.803	26.984	16.295	8.743	3.991	2.768	344	141.476
12e, 13e, 14e, 15e Arrondissements	1 pièce	30.620	13.061	4.807	2.025	636	220	134	1	51.524
	2 pièces	7.717	14.577	11.154	6.834	3.372	1.526	1.063	15	46.258
	3 —	3.334	8.762	8.783	6.071	3.444	1.622	1.266	41	33.293
	4 —	1.284	3.986	4.129	3.230	2.017	1.050	870	45	16.611
	5 —	369	1.187	1.188	1.173	732	374	357	29	5.409
	6 —	105	517	598	586	357	240	213	16	2.602
	7 —	46	203	263	235	183	105	109	8	1.152
	8 —	29	91	142	137	120	82	97	10	728
	9 —	16	62	75	90	64	38	46	5	396
	10 —	23	95	112	138	127	99	185	44	823
	TOTAUX	43.603	42.541	31.251	20.639	11.042	5.356	4.340	214	158.886
18e, 19e et 20e Arrondissements	1 pièce	31.485	16.446	6.513	2.542	981	355	122	—	58.444
	2 pièces	9.422	15.288	12.518	7.068	4.052	1.069	1.168	3	52.088
	3 —	2.724	9.079	9.486	6.745	3.744	2.213	1.439	2	35.432
	4 —	1.037	3.292	3.934	3.172	2.067	1.135	1.036	3	15.676
	5 —	212	733	952	967	603	411	423	1	4.302
	6 —	77	295	390	465	301	188	230	2	1.948
	7 —	20	88	124	176	130	63	102	2	705
	8 —	18	60	99	79	68	60	80	—	464
	9 —	5	27	38	36	24	19	48	—	197
	10 —	9	37	83	80	73	54	123	—	459
	TOTAUX	44.709	45.345	34.137	22.230	12.043	6.467	4.771	13	169.715

chambrée » et qui étaient, d'ailleurs, très différents des *Schlafleute*. Aujourd'hui, les chambrées sont interdites en principe ; quelques-unes existent seulement par tolérance.

De même, on ne connaît pas à Paris les logements en sous-sol ou dans la cave qui sont encore très répandus dans les villes d'Allemagne et de Russie et qui se rencontrent encore aujourd'hui dans quelques villes du nord de la France.

BERLIN

Les villes allemandes font depuis longtemps déjà des enquêtes sur les conditions de logement de leurs habitants mais elles les conduisent autrement qu'il n'a été possible de le faire à Paris.

1. — Voici la traduction du questionnaire adressé aux habitants de Berlin lors du dernier dénombrement (1890) :

Les mots en italiques ne figuraient pas sur le bulletin de dénombrement de 1885 (c'est au recensement de 1885 que se rapportent les chiffres que nous citons plus loin, cette partie du dénombrement de 1890 n'étant pas encore publiée).

1. — Êtes-vous propriétaire de cette maison ou êtes-vous locataire de ce logement? ou sous-locataire? ou occupant d'un logement de domestique? *ou d'un logement gratuit* (concédé en échange d'autres services) (souligner le mot qui répond à la question posée).

2. — Votre logement est-il situé à la cave, *(keller)* ou au rez-de-chaussée, *(erdgeschoss) au rez-de-chaussée surélevé, (hochparterre)* à l'entresol, *(halbstock oder entresol)* au 1er, 2e, 3e, 4e, 5e étage (souligner le mot qui répond à la question). *(On comprend aussi comme situées dans la cave les pièces ayant un plancher situé au-dessous du niveau de la rue.)*

3. — Combien de chambres *(zimmer)* a votre logement? et entre autres combien de chambres chauffables *(heizbare zimmer)?* combien de chambres non chauffables? (seulement les pièces avec fenêtre et seulement les pièces habitées *(bewohnte zimmer)* doivent être comptées; la cuisine, l'office *(speisekammer)* et pièces semblables n'entrent pas ici en ligne de compte)? combien de chambres (chauffables ou non chauffables) ont des fenêtres sur la rue?
Les chambres de votre logement sont-elles aussi consacrées à un négoce (gewerb)? Combien sont dans ce cas?

4. — Votre logement a-t-il en outre une cuisine? *Ou celle-ci est-elle commune avec d'autres ménages? Votre logement a-t-il une office? chambre de bain? alcôves? mansardes (chambres de bonnes)?* (souligner le mot qui répond à la question.)

5. — Employez-vous dans la même maison, en dehors des pièces désignées dans les paragraphes 3 et 4, des pièce spéciales (en indiquer le nombre), comme boutique? auberge ou restaurant? comptoir? magasin et *bureau de commerce*, atelier, *fabrique?* dépôt, remise, etc.? écuries?

6. — Votre logement a-t-il une concession d'eau?
Est-elle commune avec d'autres ménages? Votre logement a-t-il une installation balnéaire? Est-elle commune avec d'autres ménages?

7. — Votre logement a-t-il un water-closet? *Est-il commun avec d'autres ménages?*

8. — Loyer annuel de votre logement? (y compris les dépenses accessoires). Pour les propriétaires et les fonctionnaires logés, etc., valeur estimée de leur loyer? Loyer annuel des locaux consacrés au négoce lorsqu'ils sont séparés des locaux d'habitation.

9. — Depuis quand habitez-vous dans cette maison? (années, mois).

L'exactitude et la sincérité de ce bulletin sont garanties par le chef de ménage ou par le recenseur soussigné.

(Suit leur signature.)

On voit que le mot *pièce*, ou plus exactement *chambre*, est pris dans un sens très différent de celui qui a été adopté à Paris, puisque les chambres dans lesquelles on couche sont les seules qui aient dû être comptées, encore faut-il qu'elles aient des fenêtres; une cuisine, une salle à manger ne doivent pas être comptées (1).

---

(1) On ne dit pas bien clairement si la cuisine, la salle à manger, doivent être comptées lorsqu'on y couche.

BERLIN 1885

SITUATION DES HABITANTS DE BERLIN PAR RAPPORT A LEURS HABITATIONS

(Les pièces non habitées ne sont pas comptées par la statistique de Berlin.)

Les « pièces chauffables » sont les seules dont on ait tenu compte dans ce tableau.

NOMBRE DE LOGEMENTS

COMPOSÉS DE	HABITÉS PAR											
	0 PERSONNE	1 PERSONNE	2 PERSONNES	3 PERSONNES	4 PERSONNES	5 PERSONNES	6 PERSONNES	7 PERSONNES	8 PERSONNES	9 PERSONNES	10 PERSONNES et PLUS	TOTAUX
0 chambre chauffable.....	10	982	1.032	798	484	246	126	65	31	12	6	3.792
1 —	234	14.761	30.123	32.282	28.394	21.211	13.323	7.252	3.120	1.235	561	152.493
2 chambres chauffables....	91	2.964	10.748	14.684	15.978	13.771	10.562	6.520	3.512	1.735	1.199	81.764
3 —	50	889	4.187	6.054	6.364	5.625	3.940	2.449	1.487	731	720	32.496
4 —	30	254	1.078	2.491	2.559	2.549	1.953	1.334	782	426	577	14.033
5 —	18	122	478	1.368	1.417	1.514	1.247	924	583	308	434	8.410
6 —	7	52	179	643	868	860	842	630	408	239	341	5 069
7 —	4	10	70	269	411	430	442	418	290	177	269	2.799
8 —	6	17	25	99	210	229	268	257	213	127	220	1.671
9 —	—	2	10	28	89	133	113	152	112	81	130	850
10 — et plus	6	11	14	42	84	144	187	188	211	161	301	1.549
TOTAUX.......	453	20.073	47.944	58.758	56.858	46.712	33.003	20.189	10.749	5.232	4.955	304.926

Il est manifeste que ce tableau ne peut pas être comparé avec les nôtres, puisqu'il n'y est question que des chambres chauffables, abstraction faite des chambres non chauffables, des cuisines et, enfin, des pièces sans fenêtre et des pièces non habitées.

Le tableau suivant permet, au moins pour les petits logements, de suppléer à quelques-unes de ces lacunes :

COMPOSITION DES LOGEMENTS DANS LA VILLE DE BERLIN (Recensement de 1885).

(Les pièces non habitées ne sont pas comptées dans la statistique de Berlin.)

NOMBRE DE LOGEMENTS

COMPOSITION des LOGEMENTS en chambres chauffables	Les Logements, outre les chambres chauffables dont le nombre est indiqué colonne *a*, comprennent :										NOMBRE TOTAL des LOGEMENTS		
	0 CHAMBRE non chauffable		1 CHAMBRE non chauffable		2 CHAMBRES non chauffables		3 CHAMBRES non chauffables		4 CHAMBRES non chauffables				
	avec CUISINE	sans CUISINE	avec CUISINE	sans CUISINE	avec CUISINE	sans CUISINE	avec CUISINE	sans CUISINE	avec CUISINE	sans CUISINE	avec CUISINE	sans CUISINE	en général
Col. *a*	col. *b*	col. *c*	col. *d*	col. *e*	col. *f*	col. *g*.	col. *h*.	col. *i*	col. *j*	col. *k*	col. *l*	col. *m*	col. *n*
0 chambre chauffable.	1.007	—	775	1.382	91	326	8	—	3	—	1.884	1.908	3.792
1 — —	91.972	28.982	27.437	2.557	1.390	79	66	3	7	—	120.872	31.621	152.493
2 — —	68.351	2.885	9.127	229	1.056	17	86	3	9	1	78.629	3.135	81.764
3 — —	26.852	375	4.403	23	678	7	84	1	13	—	32.090	406	32.496
4 — —	—	—	—	—	—	—	—	—	—	—	13.987	46	14.033
5 — —	—	—	—	—	—	—	—	—	—	—	8.383	27	8.410
6 — —	—	—	—	—	—	—	—	—	—	—	5.049	20	5.069
7 — —	—	—	—	—	—	—	—	—	—	—	2.791	8	2.799
8 — —	—	—	—	—	—	—	—	—	—	—	1.666	5	1.671
9 — —	—	—	—	—	—	—	—	—	—	—	846	4	850
10 — —	—	—	—	—	—	—	—	—	—	—	574	1	575
Plus de 10 —	—	—	—	—	—	—	—	—	—	—	973	1	974
TOTAUX........											267.744	37.182	304.926

On voit, par ce tableau, que les chambres non chauffables (1) sont rares à Berlin. Sur 304.926 logements habités, il y en a au moins 220.434 dont toutes les pièces sont chauffables; le climat de Berlin explique facilement ce résultat.

On voit aussi que si les logements de 1 ou 2 pièces chauffables contiennent souvent une pièce non chauffable et, en outre, une cuisine, les logements de 3 pièces chauffables n'ont guère d'autre pièce supplémentaire qu'une cuisine. Les logements de quatre pièces chauffables sont certainement aussi dans ce dernier cas.

La statistique de Berlin fait connaître le nombre de personnes habitant chacune des catégories de logement définies par ce tableau. En comptant comme une pièce, non seulement les pièces chauffables, mais aussi les pièces non chauffables et les cuisines, on arrive au tableau suivant qui n'est pas rigoureusement comparable à celui que nous avons vu pour Paris (puisque, à Berlin, les pièces non habitées ne comptent pas), mais qui s'en rapproche dans une certaine mesure :

BERLIN 1885

SITUATION DES HABITANTS DE BERLIN PAR RAPPORT A LEURS HABITATIONS

(Les pièces non habitées ne sont pas comptées par la statistique de Berlin.)

Les cuisines, les pièces chauffables et non chauffables ont été comptées comme « pièces » dans ce tableau.

NOMBRE DE LOGEMENTS

COMPOSÉS DE	HABITÉS PAR											
	0 PERSONNE	1 PERSONNE	2 PERSONNES	3 PERSONNES	4 PERSONNES	5 PERSONNES	6 PERSONNES	7 PERSONNES	8 PERSONNES	9 PERSONNES	10 PERSONNES et PLUS	TOTAUX
1 cuisine seule	5	290	313	201	110	42	28	11	5	2	—	1.007
1 pièce	146	10.499	9.329	5.681	2.776	1.278	547	213	67	18	10	30.564
2 pièces	87	4.774	18.446	22.343	20.498	15.299	9.271	4.767	2.016	707	307	98.515
3 —	77	2.911	12.635	17.661	19.366	16.634	12.543	7.791	3.920	1.910	1.114	96.562
4 —	61	977	4.806	6.914	7.314	6.460	4.658	2.913	1.748	826	743	37.420
5 — et au delà	77	622	2.415	5.958	6.794	6.999	5.956	4.494	2.093	1.769	2.781	40.858
TOTAUX	453	20.073	47.944	58.758	56.858	46.712	33.003	20.189	10.749	5.232	4.955	304.926

Si nous soumettons ces chiffres aux deux modes de calcul que nous avons adoptés pour Paris, nous arrivons aux résultats suivants :

BERLIN 1885

I. — SUR 100 LOGEMENTS DE CHAQUE CATÉGORIE, COMBIEN SONT HABITÉS PAR DES MÉNAGES DE CHAQUE CATÉGORIE ?

CATÉGORIES de LOGEMENTS	CATÉGORIES DE MÉNAGES											
	0 PERSONNE	1 PERSONNE	2 PERSONNES	3 PERSONNES	4 PERSONNES	5 PERSONNES	6 PERSONNES	7 PERSONNES	8 PERSONNES	9 PERSONNES	10 PERSONNES et PLUS	TOTAUX
1 cuisine seule	0,5	29	31,3	20,1	11	4,2	2,8	1,1	—	—	—	100
1 pièce	0.5	34,3	30,5	18,6	9,2	4,1	1,7	0,7	0.2	—	—	100
2 pièces	—	4,8	18,7	22,7	20,7	15,4	9,4	4,9	2,4	0,7	0,3	100
3 —	—	3	13	18,2	20	17,2	13	8	4,6	2	1	100
4 —	—	2,6	12,8	18,5	19,8	17,3	12,4	7,8	4,7	2,2	1,9	100
5 — et plus	0,2	1.5	5.9	14,6	16,5	17,2	14,6	11	7,3	4,4	6,8	100
TOTAUX	—	6,6	15,8	19,4	18,8	15,3	10,8	6,6	3,4	1,7	1,6	100

(1) Et, en outre, habitées et munies d'une fenêtre.

BERLIN 1885

2. — SUR 100 MÉNAGES DE CHAQUE CATÉGORIE, COMBIEN SONT LOGÉS DANS DES LOGEMENTS DE CHAQUE CATÉGORIE?

CATÉGORIES de LOGEMENTS	CATÉGORIES DE MÉNAGES										
	0 PERSONNE	1 PERSONNE	2 PERSONNES	3 PERSONNES	4 PERSONNES	5 PERSONNES	6 PERSONNES	7 PERSONNES	8 PERSONNES	9 PERSONNES	10 PERSONNES et PLUS	TOTAUX
1 cuisine seule	1,1	1,4	0,5	0,3	0,2	0,1	0,1	—	—	—	—	0,4
1 pièce	32,2	52	19,5	9,7	4,9	2,7	1,6	1,6	0,6	0.3	0,2	10,1
2 pièces	19,2	23,7	38,5	38	36	32,8	28,1	23,6	18,8	13,5	6,2	32,2
3 —	17	14,9	26,3	30	34	35,6	38,1	38,6	30,6	36,5	22,5	31,6
4 —	13,5	4,0	10	11,8	12,9	13,8	14,1	14	16,2	15,5	15	12,3
5 — et plus	17	3,1	5,2	10,2	12	15	18	22,2	27,8	34,2	56,1	13,4
TOTAUX	100	100	100	100	100	100	100	100	100	100	100	100

Ce qui frappe, au premier abord, lorsqu'on compare ces tableaux à ceux qui concernent Paris, c'est qu'à Berlin, la composition des ménages est entièrement différente de ce qu'elle est à Paris. Tandis qu'à Paris, 31 0/0 des ménages sont composés d'une seule personne vivant seule, à Berlin, la proportion de ces solitaires n'est que de 6 0/0. Cela ne tient pas à ce que les célibataires soient beaucoup plus nombreux à Paris; seulement, à Berlin, les individus sans famille ne vivent pas seuls; ils se mettent en pension, ils se font *Aftermiether* ou *Schlafleute*, etc.

Les ménages de 2 personnes sont également plus nombreux à Paris (27 0/0) qu'à Berlin (16 0/0). Au contraire, les familles de 5 personnes et plus sont incomparablement plus fréquentes à Berlin (environ 40 0/0) qu'à Paris (12 0/0).

Les conditions de logement des familles de 3 ou 4 personnes (autant qu'on en peut juger par des statistiques établies sur des principes aussi différents) ne paraissent pas être sensiblement différentes à Berlin de ce qu'elles sont à Paris. Par exemple, sur 100 familles de 3 personnes, il y en a, à Paris, 17 qui s'entassent dans 1 seule pièce (à Berlin, 10 seulement); mais la proportion de celles qui ont 2 pièces est de 32 à Paris et 38 à Berlin. Au total, la proportion des familles de 3 personnes logées dans 1 ou 2 pièces est la même (environ 49 0/0) dans les deux villes. La proportion des familles de 3 personnes ayant 3 pièces est de 30 à Berlin et de 24 à Paris; celles qui ont plus de 3 pièces sont donc un peu plus nombreuses à Paris qu'à Berlin.

Sur 100 familles de 4 personnes, il y en a, à Paris, 10 qui s'entassent dans 1 seule pièce (à Berlin, il n'y en a que 5 0/0).

La proportion de celles qui se pressent dans un logement de 2 pièces est de 29 0/0 à Paris et de 36 à Berlin. En somme, le total des familles de 4 personnes logées étroitement dans 1 ou 2 pièces est sensiblement la même dans les deux villes (39 0/0 à Paris et 41 à Berlin). La proportion des familles de 4 personnes qui n'ont que 3 pièces est plus élevée à Berlin (26 à Paris et 34 à Berlin), et, par conséquent, la proportion des familles plus largement logées paraît sensiblement plus élevée à Paris qu'à Berlin (1).

Nous retrouvons à Berlin la loi que nous formulions pour Paris; c'est que, plus les familles sont nombreuses, plus elles sont mal logées; seulement, à Berlin, cette loi se vérifie plus nettement encore que dans notre ville.

(1) Cette dernière phrase est peut-être contestable. Ne pas oublier que les chambres inhabitées ne sont pas comptées par la statistique berlinoise. On peut admettre que, lorsqu'un ménage est à l'étroit, toutes les pièces de son logement sont occupées; mais cela cesse d'être vrai pour les ménages logés à l'aise; pour ces derniers, les chiffres berlinois ne sont donc pas exactement comparables à ceux de Paris.

Par exemple, sur 100 familles de 6 personnes, il y en a, à Paris, 50 qui ne disposent que de 1, 2 ou 3 pièces au plus; à Berlin, il y en a 69 0/0 qui vivent dans un espace aussi resserré. Outre que ce mal est plus grave à Berlin, il est plus général, puisque les familles nombreuses y sont en bien plus forte proportion qu'à Paris.

En résumé, les conditions d'encombrement des familles sont à peu près les mêmes dans les deux villes pour les familles peu nombreuses. Pour les familles nombreuses, plus fréquentes à Berlin, elles semblent plus mauvaises encore dans cette ville qu'à Paris.

Encore n'avons-nous pas à nous occuper ici des logements dans les caves (ou, plus exactement, dans les sous-sols) si nombreux à Berlin et à peu près complètement inconnus à Paris, ni des *Schlafleute* qui n'existent pas à Paris.

LONDRES

La statistique anglaise possède peu de renseignements sur le sujet qui nous occupe. Toutefois, M. W. Ogle, surintendant de la statistique anglaise, a fait une enquête de ce genre « dans quatre districts habités principalement par des ouvriers et choisis dans différentes parties de la ville de Londres ». Un grand nombre de questionnaires y furent distribués à autant de ménages (le mot ménage pris à peu près dans le même sens que par le recensement français). 29.451 ménages répondirent, mais, l'enquête étant faite dans un but spécial (1), on élimina de l'enquête les réponses de 8.008 chefs de ménage qui étaient sans emploi au moment du recensement, et on ne dépouilla que 21.443 réponses. On trouva, en moyenne, 1,65 personnes par « pièce » *(room)*. M. Charles Booth, dans une enquête sur les pauvres, avait trouvé 1,88 personnes par pièce.

Une enquête ainsi dirigée, et où certaines catégories de ménages n'ont pas répondu, ne peut donner de résultats comparables aux nôtres. Disons pourtant que, si nous cherchons, dans l'ensemble des XIe, XIIe, XIIIe, XIVe et XVe arrondissements de Paris, combien de personnes sont, en moyenne, logées dans une « pièce », nous en trouvons 1,18 par pièce, c'est-à-dire beaucoup moins que n'en ont trouvé les enquêtes anglaises.

Ainsi, nous avons trouvé que la population pauvre de Paris est très mal logée ; nous pouvons ajouter que la population ouvrière de Londres (autant qu'on en peut juger par une enquête restreinte) paraît sensiblement plus mal logée encore.

Le recensement anglais a fait pour la première fois, en 1891, une statistique de l'habitation considérée par rapport aux habitants. Malheureusement nous n'en connaissons les résultats que par l'extrait qui en a été donné par le *Report on the work of the labour department of the board of trade*, 1893-94.

Voici les chiffres principaux contenus dans ce document :

COMPOSITION DES LOGEMENTS *(tenements)* ET NOMBRE DE LEURS HABITANTS DANS L'ENSEMBLE DES VILLES DE L'ANGLETERRE ET DU PAYS DE GALLES (1891).

LOGEMENTS composés de	NOMBRE de LOGEMENTS	NOMBRE TOTAL DE CEUX QUI OCCUPENT ces logements	NOMBRE MOYEN D'HABITANTS par pièce
1 pièce *(room)*	270.252	604.355	2,24
2 pièces	552.546	1.958.933	1,77
3 —	552.079	2.411.580	1,45
4 —	981.665	4.684.913	1,19
5 — et plus	2.030.199	11.235.714	—
Totaux	4.387.311	20.895.504	—

(1) Chercher le rapport qui existe entre le revenu et le montant du loyer.

Il résulte de ces chiffres qu'en Angleterre, comme ailleurs, les logements sont d'autant plus souvent surpeuplés qu'ils sont plus petits.

Les logements surpeuplés ont été définis par les Anglais comme ils l'ont été également par nous-mêmes : ce sont, dit le *Census*, des logements ordinaires dans lesquels se trouvent plus de deux occupants par pièce, y compris les chambres à coucher et les salons *(per room, bedrooms and sitting rooms included)*. On a trouvé que sur 100 habitants des villes de l'Angleterre et de Galles, il y en avait 12,3 qui vivaient dans des logements surpeuplés (1).

VIENNE

A Vienne, le nombre des logements (occupés ou vacants) s'élevait, à la fin de 1890, à 308.185 (dont 182.931 dans le centre de la ville et 125.254 dans les communes annexées). Sur ce nombre, 21.426 logements n'étaient pas habités.

La statistique viennoise a compté le nombre de chambres, cabinets, antichambres et cuisines contenus dans chaque logement *(zimmer, kammern oder cabinette, vorzimmer, küchen)*; c'est là ce qu'elle appelle les pièces habitées *(wohnraüme)*; quant aux pièces accessoires *(nebenraüme)*, elles n'ont pas été comptées.

On a trouvé dans l'ensemble des logements (308.185 pour Vienne, y compris les logements vacants) :

	Zone ancienne	Communes annexées	Total pour Vienne
Chambres *(zimmer)*	279.221	142.839	422.060
Cabinets *(kammern)*	148.070	65.775	213.845
Antichambres *(vorzimmer)*	56.031	9.508	65.539
Cuisines *(küchen)*	172.621	112.053	284.674
Nombre total des pièces	655.943	330.175	986.118

Voici comment était rédigé le questionnaire adressé aux Viennois, relativement à leur logement :

DESCRIPTION DES CONDITIONS DE LOGEMENT

1. — Où se trouve votre logement ?
   - Dans la cave *(souterrain)*?
   - Au rez-de-chaussée *(erdgeschosz parterre)*.
   - Au rez-de-chaussée surélevé *(hochparterre)*.
   - A l'entresol?
   - A quel étage?
   - Dans une mansarde?

2. — Combien de pièces *(Bestandtheile)* sont comprises dans votre logement?
   - Chambres *(zimmer)*.
   - Cabinets *(kammern oder cabinette)*.
   - Antichambres *(vorzimmer)*.
   - Cuisines *(küchen)*.

3. — Le logement est-il employé seulement à l'habitation? Sert-il aussi à un négoce *(geschäftsbetrieb)*?

La distinction entre une chambre *(zimmer)* et ce que nous traduisons par « cabinet » *(kammer)* est délicate. — L'instruction ministérielle déclare qu'il n'est pas possible d'assigner une limite précise et générale entre ces deux mots, et qu'une *kammer* est une pièce habitée ou habitable « de la plus petite dimension » *(von geringerer Grösse)*.

---

(1) Le document nous informe que les personnes vivant dans des granges, des cabanes, des voitures ou des péniches, sont considérées comme vivant dans des logements d'une seule chambre *(room)*. D'ailleurs, il ne contient pas de définition du mot *room*.

Le logement *(tenement)* est une maison ou partie de maison occupée séparément par le propriétaire ou un locataire.

En somme, il résulte de ce questionnaire que le mot *Bestandtheil* a été pris à peu près dans le même sens que le mot « pièce » dans notre recensement de 1891.

En moyenne, il y a donc à Vienne 1,48 habitants par pièce (1,34 dans la zone ancienne 1,75 dans les communes annexées).

C'est une proportion sensiblement plus forte qu'à Paris.

Voici maintenant comment ces pièces se répartissent entre les 226.759 logements habités de Vienne. Nous établirons trois comptes : l'un pour l'ensemble de la ville, l'autre pour la zone ancienne de Vienne, le troisième, enfin, pour les faubourgs récemment annexés :

VIENNE 1891

SITUATION DES HABITANTS DE VIENNE PAR RAPPORT A LEURS HABITATIONS

I. — Ville entière.

NOMBRE DE LOGEMENTS

LOGEMENTS COMPOSÉS DE	HABITÉS PAR						TOTAUX
	1 PERSONNE	2 PERSONNES	3, 4 ou 5 PERSONNES	De 6 à 10 PERSONNES	De 11 à 20 PERSONNES	Plus de 20 PERSONNES	
1 pièce	4.179	7.300	9.863	1.419	67	3	22.831
2 pièces	5.246	20.041	56.923	20.736	472	15	103.433
3, 4 ou 5 pièces	4.042	14.276	64.887	45.130	3.642	57	132.034
De 6 à 10 pièces	346	1.170	10.458	10.662	1.806	147	24.589
De 11 à 20 pièces	41	63	678	1.635	611	150	3.178
Plus de 20 pièces	5	10	54	88	132	148	437
Nombre de pièces inconnu	46	45	69	40	19	38	257
TOTAUX	13.905	42.905	142.932	79.710	6.749	558	286.759

II. — Zone ancienne de la ville.

NOMBRE DE LOGEMENTS

LOGEMENTS COMPOSÉS DE	HABITÉS PAR						TOTAUX
	1 PERSONNE	2 PERSONNES	3, 4 ou 5 PERSONNES	De 6 à 10 PERSONNES	De 11 à 20 PERSONNES	Plus de 20 PERSONNES	
1 pièce	1.883	2.852	3.722	544	29	—	9.030
2 pièces	2.723	9.984	26.079	8.710	160	2	47.658
3, 4 ou 5 pièces	2.929	9.928	46.450	29.547	2.349	28	91.231
De 6 à 10 pièces	303	990	8.902	8.631	1.265	103	20.194
De 11 à 20 pièces	36	54	577	1.405	477	114	2.663
Plus de 20 pièces	5	10	41	77	118	16	267
Nombre de pièces inconnu	32	30	37	18	11	30	158
TOTAUX	7.911	23.848	85.808	48.932	4.409	293	171.301

III. — Communes annexées.

NOMBRE DE LOGEMENTS

LOGEMENTS COMPOSÉS DE	HABITÉS PAR						
	1 PERSONNE	2 PERSONNES	3, 4 ou 5 PERSONNES	De 6 à 10 PERSONNES	De 11 à 20 PERSONNES	Plus de 20 PERSONNES	TOTAUX
1 pièce	2.296	4.448	6.141	875	38	3	13.801
2 pièces	2.523	10.057	30.844	12.026	312	13	55.775
3, 4 ou 5 pièces	1.113	4.348	18.437	15.583	1.293	29	40.803
De 6 à 10 pièces	43	180	1.556	2.031	541	44	4.395
De 11 à 20 pièces	5	9	101	230	134	36	515
Plus de 20 pièces	—	—	13	11	14	32	70
Nombre de pièces inconnu	14	15	32	22	8	8	99
TOTAUX	5.994	19.057	57.124	30.778	2.340	165	115.458

On peut soumettre ces chiffres aux deux modes de calculs que nous avons exécutés plus haut pour Paris. On obtient alors les tableaux suivants :

VIENNE 1891

I. — Ville entière.

1. — SUR 100 LOGEMENTS DE CHAQUE CATÉGORIE, COMBIEN SONT HABITÉS PAR DES MÉNAGES DE CHAQUE CATÉGORIE ?

CATÉGORIES de LOGEMENTS	CATÉGORIES DE MÉNAGES						
	1 PERSONNE	2 PERSONNES	3, 4 ou 5 PERSONNES	De 6 à 10 PERSONNES	De 11 à 20 PERSONNES	Plus de 20 PERSONNES	TOTAUX
1 pièce	18,3	32	43,5	6,2	—	—	100
2 pièces	5,1	19,4	55	20,1	0,4	—	100
3, 4 ou 5 pièces	3,5	10,7	49	34,2	2,6	—	100
De 6 à 10 pièces	1,4	4,7	42,4	43,2	7,3	1	100
De 11 à 20 pièces	1	2	22	52	19	4	100
Plus de 20 pièces	2,3	4,7	11,6	18,4	30	33	100
Nombre de pièces inconnu	18	17,5	26,8	15,5	7,4	14,8	100
TOTAUX	4,8	15	50	27,8	2,4	—	100

I. — Ville entière.

2. — SUR 100 MÉNAGES DE CHAQUE CATÉGORIE, COMBIEN SONT LOGÉS DANS DES LOGEMENTS DE CHAQUE CATÉGORIE ?

CATÉGORIES de LOGEMENTS	CATÉGORIES DE MÉNAGES						
	1 PERSONNE	2 PERSONNES	3, 4 ou 5 PERSONNES	De 6 à 10 PERSONNES	De 11 à 20 PERSONNES	Plus de 20 PERSONNES	TOTAUX
1 pièce	30	17	6,9	1,7	1	0,5	7,9
2 pièces	37,7	46,8	40	26	6	2,7	36,2
3, 4 ou 5 pièces	29	33,3	45,7	56,8	54	10,2	46,2
De 6 à 10 pièces	3	2,7	7	13	26	26,4	8,6
De 11 à 20 pièces	0,3	0,1	0,4	2,5	9	27	1,1
Plus de 20 pièces	—	—	—	—	4	26,5	—
Nombre de pièces inconnu	—	0,1	—	—	—	6,7	—
TOTAUX	100	100	100	100	100	100	100

II. — Zone ancienne de la ville.

1. — SUR 100 LOGEMENTS DE CHAQUE CATÉGORIE, COMBIEN SONT HABITÉS PAR DES MÉNAGES DE CHAQUE CATÉGORIE?

CATÉGORIES de LOGEMENTS	CATÉGORIES DE MÉNAGES						
	1 PERSONNE	2 PERSONNES	3, 4 ou 5 PERSONNES	De 6 à 10 PERSONNES	De 11 à 20 PERSONNES	Plus de 20 PERSONNES	TOTAUX
1 pièce	20,9	31,6	41,2	6	0,3	—	100
2 pièces	3,8	21	54,6	18,3	0,3	—	100
3, 4 ou 5 pièces	3,2	11	50,6	32,4	2,5	0,3	100
De 6 à 10 pièces	1,5	4,8	44,5	42,5	6,2	0,5	100
De 11 à 20 pièces	1,3	2,3	21,6	52,5	18	4,3	100
Plus de 20 pièces	2	4	15	29	44	6	100
Nombre de pièces inconnu	20,2	19	23,4	11,4	7	19	100
TOTAUX	4,7	13,9	50,1	28,7	2,6	—	100

II. — Zone ancienne de la ville.

2. — SUR 100 MÉNAGES DE CHAQUE CATÉGORIE, COMBIEN SONT LOGÉS DANS DES LOGEMENTS DE CHAQUE CATÉGORIE?

CATÉGORIES de LOGEMENTS	CATÉGORIES DE MÉNAGES						
	1 PERSONNE	2 PERSONNES	3, 4 ou 5 PERSONNES	De 6 à 10 PERSONNES	De 11 à 20 PERSONNES	Plus de 20 PERSONNES	TOTAUX
1 pièce	23,8	11,8	4,2	1,1	0,6	—	5,3
2 pièces	34.5	42	30,3	17,8	3,6	0,7	27,8
3, 4 ou 5 pièces	37	41,8	54	60,4	53	9,5	53,4
De 6 à 10 pièces	3,8	4,2	10,4	17,3	29	35,2	11,8
De 11 à 20 pièces	0,4	0,2	1	2,9	10,8	39	1,6
Plus de 20 pièces	—	—	0,05	0,5	2,8	5,4	0,1
Nombre de pièces inconnu	0,5	—	0,05	—	0,2	10,2	—
TOTAUX	100	100	100	100	100	100	100

III. — Communes annexées.

1. — SUR 100 LOGEMENTS DE CHAQUE CATÉGORIE, COMBIEN SONT HABITÉS PAR DES MÉNAGES DE CHAQUE CATÉGORIE?

CATÉGORIES de LOGEMENTS	CATÉGORIES DE MÉNAGES						
	1 PERSONNE	2 PERSONNES	3, 4 ou 5 PERSONNES	De 6 à 10 PERSONNES	De 11 à 20 PERSONNES	Plus de 20 PERSONNES	TOTAUX
1 pièce	16,7	32,2	44,5	6,3	0,3	—	100
2 pièces	4,5	18	55,5	21,5	0,5	—	100
3, 4 ou 5 pièces	2,7	10,6	45,1	38,4	3,2	—	100
De 6 à 10 pièces	1	4,1	35,3	46,3	12,3	1	100
De 11 à 20 pièces	1	1,7	19,6	44,7	26	7	100
Plus de 20 pièces	—	—	18,5	16	20	45,5	100
Nombre de pièces inconnu	14	15	33	22	8	8	100
TOTAUX	5,2	16,4	49,5	26,6	2,3	—	100

III. — Communes annexées.

2. — SUR 100 MÉNAGES DE CHAQUE CATÉGORIE, COMBIEN SONT LOGÉS DANS DES LOGEMENTS DE CHAQUE CATÉGORIE?

CATÉGORIES de LOGEMENTS	CATÉGORIES DE MÉNAGES						
	1 PERSONNE	2 PERSONNES	3, 4 ou 5 PERSONNES	De 6 à 10 PERSONNES	De 11 à 20 PERSONNES	Plus de 20 PERSONNES	TOTAUX
1 pièce	38,3	23,4	11	3	1,7	1,8	12
2 pièces	42,1	52,6	54	39	13,3	7,8	48,3
3, 4 ou 5 pièces	18,6	23	32	50,5	55,2	17,6	35,3
De 6 à 10 pièces	0,7	1	3	6,5	23,1	26,7	3,8
De 11 à 20 pièces	0,1	—	—	1	5,7	21,8	0,5
Plus de 20 pièces	—	—	—	—	0,7	19,4	—
Nombre de pièces inconnu	0,2	—	—	—	0,3	4,9	0,1
TOTAUX	100	100	100	100	100	100	100

Si nous comparons ces chiffres à ceux que nous avions pour Paris, nous trouvons de grandes différences : tandis qu'à Paris les deux tiers des logements d'une pièce ne sont occupés que par une personne, à Vienne, c'est là une exception; près de la moitié des logements d'une pièce y sont encombrés par 3, 4 ou 5 personnes. De même, les logements de 2 pièces sont occupés à Vienne par des familles bien plus nombreuses qu'à Paris (à Vienne 75 0/0 de ces logements sont occupés par des ménages de plus de 3 personnes; à Paris, 43 0/0 seulement).

Si l'on veut comparer ces chiffres à ceux de Paris, il faut mettre ceux-ci dans la même forme.

On remarque alors que, à Vienne comme à Berlin, les ménages composés d'une seule personne sont beaucoup plus rares qu'à Paris (30 0/0 à Paris et seulement 5 0/0 à Vienne).

Les ménages de 2 personnes sont aussi plus nombreux à Paris que dans les deux autres capitales; au contraire, les ménages de 6 personnes et plus sont beaucoup plus nombreux à Vienne (28 0/0) qu'à Paris (6 0/0) :

PARIS 1891

NOMBRES ABSOLUS

LOGEMENTS COMPOSÉS DE	MÉNAGES COMPOSÉS DE						
	1 PERSONNE	2 PERSONNES	3, 4 ou 5 PERSONNES	De 6 à 10 PERSONNES	De 11 à 20 PERSONNES	Plus de 20 PERSONNES	TOTAUX
1 pièce	192.824	78.431	42.366	1.665	—	—	315.286
2 pièces	45.988	75.473	95.208	9.835	—	—	226.504
3, 4 ou 5 pièces	30.979	73.779	147.975	24.292	—	—	277.025
De 6 à 10 pièces De 11 à 20 pièces Plus de 20 pièces	2.640	8.496	35.071	19.323	—	—	65.530
Nombre de pièces inconnu	—	—	—	—	—	—	—
TOTAUX	272.431	236.179	320.620	55.115	—	—	884.345

1. — SUR 100 LOGEMENTS DE CHAQUE CATÉGORIE, COMBIEN SONT HABITÉS PAR DES MÉNAGES DE CHAQUE CATÉGORIE?

LOGEMENTS COMPOSÉS DE	MÉNAGES COMPOSÉS DE						
	1 PERSONNE	2 PERSONNES	3, 4 OU 5 PERSONNES	De 6 à 10 PERSONNES	De 11 à 20 PERSONNES	Plus de 20 PERSONNES	TOTAUX
1 pièce	61,1	24,9	13,5	0,5	—	—	100
2 pièces	20,3	33,3	42	4,4	—	—	100
3, 4 ou 5 pièces	11,2	26,6	53,4	8,8	—	—	100
De 6 à 10 pièces							
De 11 à 20 pièces	4,0	13	53,5	29,5	—	—	100
Plus de 20 pièces							
Nombre de pièces inconnu	—	—	—	—	—	—	—
TOTAUX	30,80	26,72	36,25	6,23	—	—	100

2. — SUR 100 MÉNAGES DE CHAQUE CATÉGORIE, COMBIEN SONT LOGÉS DANS DES LOGEMENTS DE CHAQUE CATÉGORIE?

LOGEMENTS COMPOSÉS DE	MÉNAGES COMPOSÉS DE						
	1 PERSONNE	2 PERSONNES	3, 4 OU 5 PERSONNES	De 6 à 10 PERSONNES	De 11 à 20 PERSONNES	Plus de 20 PERSONNES	TOTAUX
1 pièce	70,7	33,2	13,2	3	—	—	35,7
2 pièces	16,9	32	29,7	17,8	—	—	25,6
3, 4 ou 5 pièces	11,4	31,2	46,1	44	—	—	31,3
De 6 à 10 pièces							
De 11 à 20 pièces	1	3,6	11	35,2	—	—	7,4
Plus de 20 pièces							
Nombre de pièces inconnu	—	—	—	—	—	—	—
TOTAUX	100	100	100	100	—	—	100

La composition des logements se ressent de ces différences : les logements composés d'une seule pièce sont beaucoup plus rares à Vienne (8 0/0) qu'à Paris (36 0/0) ; au contraire, les logements de 2 pièces (36 0/0 à Vienne, 26 0/0 à Paris) et les logements de 3, 4, ou 5 pièces, sont plus fréquents à Vienne. Quant aux grands logements (6 pièces et plus), ils sont à peu près dans la même proportion dans les deux villes.

Les individus vivant seuls sont, nous l'avons vu, peu nombreux à Vienne, mais ils sont plus largement logés qu'à Paris; sur 100 individus vivant seuls, il y en a 70, à Paris, ne disposant que d'une seule pièce; à Vienne, cette proportion n'est que de 30 0/0. 38 autres disposent de 2 pièces (à Paris, 17 seulement); enfin, 29 ont 3, 4 ou même 5 pièces (à Paris, 11 seulement).

Il ne faudrait pas en conclure que les individus isolés soient mieux logés à Vienne qu'à Paris; seulement, au lieu de vivre seuls comme à Paris, ils se logent, à Vienne, chez d'autres ménages comme sous-locataires *(Aftermiether)* ou comme locataires de lit *(Bettgeher ou Schlafleute)*. 91.772 logements reçoivent 179.514 individus de cette catégorie, dont 93.091 *Aftermiether* et 86.423 *Bettgeher*. Les conditions de logement des *Aftermiether* et surtout celles des *Bettgeher* sont généralement très mauvaises.

BUDAPEST

A Budapest, la statistique des logements a été présentée tout à fait autrement que dans les autres villes :

Les 165.214 chambres occupées existant dans les habitations ordinaires de Budapest, étaient habitées de la manière suivante :

BUDAPEST 1891

DENSITÉ MOYENNE DES HABITANTS PAR LOGEMENT — Nombre d'habitants par chambre Col. 1	NOMBRE DE LOGEMENTS dans lesquels se rencontrait la densité indiquée dans la col. 1 Col. 2	NOMBRE DE CHAMBRES dont se composaient les logements indiqués col. 2 Col. 3	NOMBRE DE PERSONNES qui logeaient dans les logements indiqués col. 2 Col 4
1 habitant par chambre	12.367	38.706	36.455
2 — —	22.533	47.617	83.695
3 — —	17.771	29.247	79.503
4 — —	13.547	18.075	69.333
5 — —	9.892	11.792	57.270
6 — —	7.066	7.921	43.939
7 — —	4.461	4.788	32.714
8 — —	2.932	3.172	24.030
9 — —	1.652	1.738	15.055
10 — —	850	881	8.457
11 — —	526	345	5.011
12 — —	209	281	3.275
13 — —	159	163	2.138
14 — —	99	101	1.441
15 — —	57	61	855
16 — —	45	58	681
17 — —	33	34	576
18 — —	17	15	262
19 — —	9	9	249
20 habitants par chambre et plus	44	40	1.200
TOTAUX	94.359	165.214	468.759

On peut résumer ce tableau en disant que, sur 94.359 logements qui se trouvent à Budapest (établissements collectifs, tels que : caserne, hospice, etc., non compris), il y en a 28.141, soit près du tiers, dans lesquels il y a au moins 5 habitants par chambre. 199.753 personnes (soit plus du tiers des habitants de la ville) vivent dans ces conditions déplorables d'encombrement.

Il est vrai que le mot : *chambre* est pris, ici, dans un sens plus restreint que le mot : *pièce*, à Paris. Pour 189.753 chambres occupées ou vacantes (établissements collectifs compris), il y avait 7.918 alcôves et 18.458 antichambres dont une grande partie ne serait pas entrée dans la statistique parisienne; mais il y avait, en outre, 8.039 pièces sans fenêtre et 84.491 cuisines qui, à Paris, auraient été comptées comme pièces. Nous notons cette différence, dont il nous sera d'ailleurs, impossible de tenir compte dans les calculs qui vont suivre.

A Budapest, 25.120 habitants, en 1891 habitaient dans des caves ou plus exactement dans des sous-sols recevant par en haut un peu d'air et de lumière; soit 5,4 pour 100 habitants. La proportion était plus élevée encore (9,6 0/0) il y a quelques années.

Parmi les 31.637 habitants vivant dans une cave, dénombrés en 1881, il y en avait 27.756 qui s'entassaient dans 4.899 logements d'une seule chambre (soit 5, 6 personnes par pièce, et cela, dans une cave). En 1891, cette situation s'était améliorée : sur 25.120 habitants demeurant dans les caves, 22.763 s'entassaient dans 4.318 logements d'une seule chambre.

Ajoutons enfin qu'il y a à Budapest 37.817 *Aftermiether* et 31.568 *Schlafleute.*

Voici, d'ailleurs, la composition des logements et le nombre de leurs habitants (non compris les établissements collectifs, tels que : hôpitaux, prisons, couvents, casernes, et non compris les logements vides) :

BUDAPEST 1891

COMPOSITION DES LOGEMENTS	NOMBRE DE LOGEMENTS	NOMBRE DE CHAMBRES	NOMBRE D'HABITANTS	SUR 100 LOGEMENTS combien de chaque CATÉGORIE	POUR UNE CHAMBRE combien D'HABITANTS
1 chambre	58.207	58.233	261.214	62	4,5
2 chambres	19.591	39.182	104.963	21	2,7
3 —	8.260	24.780	47.090	9	1,9
4 —	4.113	16.452	25.011	4	1,5
5 —	2.100	10.500	13.707	2	1,3
6 —	984	5.904	7.029	1	1,2
7 —	452	3.164	3.563	1	1,1
8 —	238	1.904	1.960		1,1
9 —	134	1.206	1.225		1,0
10 — et au delà	280	3.889	2.997		0,8
TOTAUX	94.359	165.214	468.759	100	2,8

On voit, par ces chiffres, que plus de la moitié de la population de Budapest habite dans des logements d'une seule chambre, dans lesquels vivent, en moyenne, 4 personnes 1/2. Plus les logements que l'on considère sont étendus, et moindre est la densité de la population qui s'y trouve.

En résumé général, il y a près de 3 habitants par chambre (1).

SAINT-PÉTERSBOURG

A Saint-Pétersbourg, une statistique des logements a été dirigée, lors du recensement du 15 décembre 1890, par feu le professeur Jahnson.

---

(1) M. Körösi, directeur de la Statistique de Budapest, a contesté, non pas l'exactitude de nos chiffres (qui, d'ailleurs, sont extraits de ses publications), mais l'exactitude de nos conclusions. Il a fait remarquer que le mot *chambre* n'est pas pris à Budapest dans un sens aussi compréhensif que le mot *pièce* à Paris. Cela est vrai, et nous n'avions pas négligé de le dire. Mais, en ce qui concerne les très petits logements, cette distinction a peu d'importance, car il n'y a généralement dans ces logements ni salle de bains, ni office, ni autres pièces accessoires et non habitées. La cuisine est la seule pièce qui vicie jusqu'à un certain point la comparaison; encore arrive-t-il souvent que ces petits logements surpeuplés, n'en ont pas, et que l'endroit où on fait la cuisine sert de chambre à coucher, comme les autres pièces du petit logement.

Nous ne pouvons donc que maintenir nos conclusions dans les termes où nous les avons formulées.

Voici comment les questions relatives au logement avaient été posées :

1. — En quels matériaux est construit votre logement? est-ce en pierre, en bois?

2. — A quel étage est votre logement? est-ce au sous-sol, au premier, au second..., au cinquième? est-ce sous les combles ou à l'entresol (demi-étage)?

3. — Combien avez-vous de pièces pourvues de fenêtre (sans compter l'antichambre ni la cuisine)?

4. — Avez-vous une antichambre à part? entre-t-on par la cuisine?

5. — Avez-vous une cuisine dans le logement?

6. — Votre logement a-t-il des fenêtres sur la rue? *(oui ou non)*; seulement sur la cour? *(oui ou non)*; sur la rue et sur la cour? *(oui ou non)*.

7. — Outre les pièces d'habitation, le logement contient-il quelque atelier, boutique, magasin ou autre local du même genre? *(le spécifier)*.

8. — Le logement contient-il quelque établissement scolaire, asile, dispensaire, maison d santé? *(le spécifier)*.

9. — L'eau est-elle conduite dans le logement ou non (1)?

10. — Combien de water-closets sont dans le logement (1)?

11. — Y a-t-il un bain (1)?

12. — Combien de loyer avez-vous par an? par mois?

13. — Louez-vous le logement avec le bois ou sans bois?

14. — Le mobilier est-il assuré?

« Signature ».

Nous avons cru intéressant de reproduire tout ce questionnaire, si complet; mais, au point de vue de la comparaison avec Paris, un paragraphe seulement nous intéresse. Voici le commentaire qui l'accompagne, et qui est destiné à mieux diriger la population dans les réponses à faire :

« Question 3. — Dire combien il y de chambres *proprement dites*, et, par conséquent, ne compter que celles qui sont éclairées, qui ont des fenêtres; c'est dire que les couloirs, les cabinets noirs, et aussi les pièces qui sont limitées par des cloisons qui n'arrivent pas jusqu'au plafond ne doivent pas être comptées comme pièces à part. »

Il résulte de ce qui précède, qu'à Saint-Pétersbourg, le mot « pièce » a été pris dans un sens un peu moins compréhensif qu'à Paris; la principale différence consiste en ce qu'à Saint-Pétersbourg, *la cuisine n'est pas considérée comme une pièce.* Il faut avoir cette différence bien présente à l'esprit, lorsqu'on consulte les tableaux suivants dans lesquels nous comparons les deux capitales.

Pour faciliter les comparaisons, nous présenterons les chiffres relatifs à Paris, sous la forme où ils sont publiés à Saint-Pétersbourg :

---

(1) Les réponses faites à ces questions par les locataires sont ensuite contrôlées par des réponses du même genre faites sur la *feuille de maison* par le propriétaire ou son représentant.

SAINT-PÉTERSBOURG 1890

MÉNAGES COMPOSÉS DE	LOGEMENTS DE 1 PIÈCE			LOGEMENTS DE 2 PIÈCES			LOGEMENTS DE 3 A 5 PIÈCES			LOGEMENTS DE 6 A 10 PIÈCES			LOGEMENTS DE 11 PIÈCES ET PLUS			TOTAL DES LOGEMENTS		
	NOMBRE ABSOLU DE			NOMBRE ABSOLU DE			NOMBRE ABSOLU DE			NOMBRE ABSOLU DE			NOMBRE ABSOLU DE			NOMBRE ABSOLU DE		
	Logements	Pièces	Habitants	Logements	Pièces	Habitants	Logements	Pièces	Habitants	Logements	Pièces	Habitants	Logements	Pièces	Habitants	Logements	Pièces	Habitants
1 habitant.........	2.388	2.388	2.388	768	1.536	768	510	1.785	510	76	541	76	13	233	13	3.755	6.483	3.755
2-3 —	8.709	8.709	21.519	6.589	13.178	16.708	7.974	28.007	21.174	771	5.216	2.111	57	838	148	24.100	56.628	61.660
4-5 —	6.806	6.806	30.303	6.691	13.382	29.957	11.143	41.293	49.828	2.167	14.633	10.010	114	1.027	555	26.921	77.741	120.633
6-10 —	6.680	6.680	49.274	10.044	20.088	75.844	16.661	61.715	126.848	6.121	43.482	47.120	551	7.497	4.346	40.057	139.402	303.632
11-20 —	1.867	1.867	25.460	4.359	8.718	59.901	7.098	28.632	111.597	2.201	16.475	29.790	836	12.627	12.233	17.261	68.319	238.987
21-50 —	261	261	6.921	566	1.132	13.219	1.316	5.605	40.436	344	2.501	9.785	240	5.787	7.353	2.936	15.286	79.764
51-100 —	11	11	749	13	26	873	30	113	2.002	20	146	1.204	41	1.126	2.095	115	1.724	7.793
101-∞ —	5	5	606	1	2	163	5	18	669	3	27	790	11	877	2.224	25	929	4.452
TOTAUX.........	26.727	26 727	137.190	29.031	58.062	199.413	45.837	167.830	353.114	11.703	83.021	100.892	1.872	30.932	30.067	115.170	366.572	820.676

PARIS 1891

MÉNAGES COMPOSÉS DE	LOGEMENTS DE 1 PIÈCE			LOGEMENTS DE 2 PIÈCES			LOGEMENTS DE 3 A 5 PIÈCES			LOGEMENTS DE 6 A 9 PIÈCES			LOGEMENTS DE 11 PIÈCES ET PLUS			TOTAL DES LOGEMENTS		
	NOMBRE ABSOLU DE			NOMBRE ABSOLU DE			NOMBRE ABSOLU DE			NOMBRE ABSOLU DE			NOMBRE ABSOLU DE			NOMBRE ABSOLU DE		
	Logements	Chambres	Habitants	Logements	Chambres	Habitants	Logements	Chambres	Habitants	Logements	Chambres	Habitants	Logements	Chambres	Habitants	Logements	Chambres	Habitants
1 habitant..........	192.824	192.824	192.824	45.988	91.976	45.988	30.979	108.478	30.979	2.413	13.970	2.413	227	3.274	227	272.431	412.222	272.431
2-3 —	100.906	100.906	242.287	127.701	255.402	307.620	144.635	512.672	300.126	18.976	128.276	49.070	2.081	26.411	5.303	400.290	1.020.667	904.618
4-5 —	13.891	13.891	50.026	42.980	85.960	177.833	77.119	280.975	335.287	18.783	130.357	83.418	3.727	45.148	16.821	156.500	556.331	672.385
6-10 —	1.651	1.651	10.886	9.737	19.474	65.844	23.791	88.460	162.802	11.050	79.690	78.340	5.153	68.230	37.024	51.391	257.505	355.536
10 habitants et plus....	14	14	154	98	196	1.078	504	1.984	6.311	1.008	7.734	11.080	2.103	29.802	23.433	3.724	39.727	40.065
TOTAUX..	315.286	315.286	505.177	226.504	453.008	598.373	277.025	992.266	894.795	52.239	362.027	224.300	13.291	172.865	83.310	884.345	2.295.452	2.305.955

De ces tableaux on peut tirer les calculs suivants :

PARIS 1891

Catégories de logements		Catégories de ménages — Ménages composés de 1 Habitant	2 ou 3 Habitants	4 ou 5 Habitants	6 à 10 Habitants	11 Habitants et plus	Totaux
Logements de 1 pièce	Nombre moyen de pièces par logement	1	1	1	1	1	1
	Sur 100, combien sont occupés par des ménages de chaque catégorie	61	34	4	1	—	100
	Nombre moyen des habitants par logement	1	2,3	4,2	6,6	11	1,6
Logements de 2 pièces	Nombre moyen de pièces par logement	2	2	2	2	2	2
	Sur 100, combien sont occupés par des ménages de chaque catégorie	20	57	19	4	—	100
	Nombre moyen des habitants par logement	1	2,4	4,1	6,8	11	2,6
Logements de 3 à 5 pièces	Nombre moyen de pièces par logement	3,5	3,5	3,6	3,7	4	3,6
	Sur 100, combien sont occupés par des ménages de chaque catégorie	11	52	28	9	—	100
	Nombre moyen des habitants par logement	1	2,5	4,4	6,8	11	3,2
Logements de 6 à 9 pièces	Nombre moyen de pièces par logement	6,6	6,7	6,9	7	7,7	6,9
	Sur 100, combien sont occupés par des ménages de chaque catégorie	5	36	36	21	2	100
	Nombre moyen des habitants par logement	1	2,6	4,4	7,1	11	4,3
Logements de 10 pièces et plus	Nombre moyen de pièces par logement	14,2	12,5	12	13	14	13
	Sur 100, combien sont occupés par des ménages de chaque catégorie	2	15	28	39	16	100
	Nombre moyen des habitants par logement	1	2,6	4,	7,3	11	6,3
Total des logements	Nombre moyen de pièces par logement	1,5	2,5	3,5	5	10,7	2,6
	Sur 100, combien sont occupés par des ménages de chaque catégorie	31	45	17,5	6	0,5	100
	Nombre moyen des habitants par logement	1	2,4	4,3	7	11	2,6

SAINT-PÉTERSBOURG 1890

Catégories de logements		Catégories de ménages — Ménages (ou groupement d'habitants) composés de 1 Habitant	2 ou 3 Habitants	4 ou 5 Habitants	6 à 10 Habitants	11 à 20 Habitants	21 à 50 Habitants	51 à 100 Habitants	101 Habitants et plus	Total
Logements de 1 pièce	Nombre moyen de pièces par logement	1	1	1	1	1	1	1	1	1
	Sur 100, combien sont occupés par des ménages de chaque catégorie	9	33	25	25	7	1	—	—	100
	Nombre moyen d'habitants par logement	1	2,5	4,4	7,3	13,6	26,5	65	121	5
Logements de 2 pièces	Nombre moyen de pièces par logement	2	2	2	2	2	2		2	2
	Sur 100, combien sont occupés par des ménages de chaque catégorie	3	23	23	34	15	2		—	100
	Nombre moyen d'habitants par logement	1	2,5	4,5	7,5	13,5	26,8	67	163	6,8
Logements de 3 à 5 pièces	Nombre moyen de pièces par logement	3,5	3,6	3,7	3,7	3,6	3,7	3,8	3,6	3,6
	Sur 100, combien sont occupés par des ménages de chaque catégorie	1	17	24	38	17	3	—	—	100
	Nombre moyen d'habitants par logement	1	2,6	4,5	7,6	13,9	26,7	67	133	7,7
Logements de 6 à 10 pièces	Nombre moyen de pièces par logement	7,8	6,7	6,8	7,8	7,4	7,2	7,3	9	7,9
	Sur 100, combien sont occupés par des ménages de chaque catégorie	1	6	18	52	19	4	—	—	100
	Nombre moyen d'habitants par logement	1	2,7	4,6	7,7	13,5	28,5	60	263	8,5
Logements de 11 pièces et plus	Nombre moyen de pièces par logement	17,9	15	14,2	13,6	15	23	34,6	79,6	16,6
	Sur 100, combien sont occupés par des ménages de chaque catégorie	1	3	6	29	45	13	2	1	100
	Nombre moyen d'habitants par logement	1	2,6	4,8	8,2	14,7	29,5	73	204	16
Total des logements	Nombre moyen de pièces par logement	1,7	2,3	2,9	3,5	4	5,2	15	37	3,2
	Sur 100, combien sont occupés par des ménages de chaque catégorie	3	21	23	35	15	3	—	—	100
	Nombre moyen d'habitants par logement	1	2,5	4,5	7,6	13,8	27	67	178	7,1

La proportion des individus vivant seuls est 10 fois moindre à Saint-Pétersbourg qu'à Paris; les ménages de 2 personnes y sont 2 fois moins nombreux. — Au contraire, les familles de 6 à 10 personnes forment à Pétersbourg plus du tiers des ménages, tandis qu'à Paris ils constituent une rare exception.

En moyenne générale, un ménage se compose à Paris de 2, 6 personnes logées dans 2, 6 pièces, et à Pétersbourg de 7, 1 personnes logées seulement dans 3, 2 pièces.

Mais il convient d'examiner les chiffres avec plus de détails :

PARIS 1891

1. — SUR 100 MÉNAGES DE CHAQUE CATÉGORIE, COMBIEN SONT LOGÉS DANS DES LOGEMENTS DE CHAQUE CATÉGORIE ?

CATÉGORIES de LOGEMENTS	CATÉGORIES DE MÉNAGES Ménages (ou groupes d'habitants) composés de :					
	1 personne	2 ou 3 personnes	4 ou 5 personnes	6 à 9 personnes	de 10 personnes et plus	TOTAUX
1 pièce	71	25	9	3	--	36
2 ou 3 pièces	17	32	28	19	3	26
4 ou 5 pièces	11	37,5	49	46	14	31
de 6 à 9 pièces	1	5	12	22	27	6
10 pièces et plus	—	0,5	2	10	56	1
TOTAUX	100	100	100	100	100	100

SAINT-PÉTERSBOURG 1890

2. — SUR 100 MÉNAGES DE CHAQUE CATÉGORIE, COMBIEN SONT LOGÉS DANS DES LOGEMENTS DE CHAQUE CATÉGORIE ?

CATÉGORIES de LOGEMENTS	CATÉGORIES DE MÉNAGES Ménages (ou groupes d'habitants) composés de :								
	1 habitant	2 ou 3 habitants	4 ou 5 habitants	6 à 10 habitants	11 à 20 habitants	21 à 50 habitants	51 à 100 habitants	Plus de 100 habitants	TOTAUX
1 pièce	63	36	25	17	11	9	10	20	23
2 ou 3 pièces	21	28	25	23	25	19	11	4	25
4 ou 5 pièces	14	33	42	42	46	52	26	20	40
de 6 à 10 pièces	2	3	8	13	13	12	17	12	10
11 pièces et plus	—	—	—	1	5	8	36	44	2
TOTAUX	100	100	100	100	100	100	100	100	100

La comparaison des deux tableaux qui précèdent montre que les habitants de Paris dans leur ensemble sont moins mal logés que ceux de Saint-Pétersbourg. — En effet, laissons de côté les ménages qui ne sont composés que d'une personne, car ils sont trop peu nombreux à Saint-Pétersbourg pour mériter d'attirer l'attention.

Dans un quart des cas, à Pétersbourg, les ménages de 4 ou 5 personnes s'entassent dans une seule pièce, cela n'arrive à Paris pas même dans un dixième des cas. — A Paris, les ménages de 6 à 9 personnes, ont dans les 78 fois sur 100 plus de 6 pièces à leur disposition; cela n'arrive que 16 fois sur 100 à Pétersbourg.

MOSCOU

La définition du mot « pièce » est à peu près à Moscou ce qu'elle est à Paris. Voici, en effet, les questions posées à la population par la « Carte de logement » :

Combien de pièces y a-t-il dans le logement?

(Dans les logements destinés à l'habitation, la cuisine doit être comptée comme pièce. Ni dans les logements, ni dans les autres endroits habités, il ne faut compter comme pièce un endroit séparé par une cloison allant du plafond au plancher, lorsqu'il n'y a pas de fenêtre. Ainsi, ni un couloir ni une antichambre ne sont comptés comme pièce.)

Combien de pièces ont des fenêtres sur la rue?

Combien de pièces ont des fenêtres sur la cour?

Combien de pièces n'ont pas de fenêtre?

(Si une pièce n'a qu'une de ses fenêtres donnant sur la rue, la compter comme donnant sur la rue).

Combien y a-t-il de poêles dans le logement? (y compris le foyer de la cuisine; compter les poêles fixes et les poêles mobiles).

Emploie-t-on le chauffage central par la vapeur, par l'eau ou par l'air?

Y a-t-il une conduite d'eau dans le logement?

Dire si, dans ce cas, c'est l'eau de la ville ou si elle vient d'une autre provenance.

Y a-t-il dans le logement un cabinet d'aisances spécial, ou le cabinet d'aisances est-il commun avec d'autres logements? Se trouve-t-il dans le logement même ou sur le même palier, ou dans le même bâtiment ou en dehors du bâtiment? Ou n'y en a-t-il pas? De quel genre est le cabinet d'aisances?

Si le logement est en sous-sol, à quelle profondeur le plancher est-il au-dessous du niveau de la rue?

En quelle substance est le plancher du logement en sous-sol? En pierre, en bois, ou en autre substance?

Êtes-vous le propriétaire du logement, ou l'occupez-vous en raison de votre emploi? Êtes-vous locataire ou sous-locataire?

Le mobilier est-il assuré? Quelle est la prime annuelle d'assurance?

Si vous cédez une part de votre logement à d'autres habitants, dire à combien d'habitants, et dire combien de pièces leur sont cédées. Si vous cédez des coins de chambre, dire combien de coins.

En moyenne, il y a à Moscou 2,5 habitants par pièce. Ce chiffre indique déjà que la population y est beaucoup plus étroitement logée qu'à Paris.

Le mode de groupement des personnes à Moscou est absolument différent de ce qu'il est à Paris. — Tandis qu'à Paris un tiers des « ménages » sont composés d'individus vivant seuls, ces isolés sont tout à fait exceptionnels dans la ville russe et n'y constituent que 2 0/0 des ménages.

De même, les ménages de 2 et 3 personnes qui forment à Paris 27 et 18 0/0 du nombre total des ménages, n'en constituent à Moscou que 7 et 10 0/0. — Au total les ménages de plus de 3 personnes ne constituent, à Paris, que 23 0/0 du nombre des ménages, tandis qu'à Moscou leur fréquence s'élève à 81.

Naturellement, ces différences ont, jusqu'à un certain point, leur contre-partie dans la composition des logements.

A Paris, les logements de 1 pièce forment plus du tiers (35 0/0) du nombre total des logements; à Moscou, ils n'en forment que 15 0/0, etc. — En général, les logements de plus de 3 pièces ne forment que 22 0/0 des logements parisiens; à Moscou, ils en forment 66 0/0.

Voyons à présent comment chaque catégorie de ménages est logée dans les deux villes.

Examinons d'abord les ménages de moins de 4 personnes :

(La suite page 32).

MOSCOU 1882

NOMBRE DE LOGEMENTS DE CHAQUE CATÉGORIE OCCUPÉS PAR 1, 2, 3,.... 19, 20 LOCATAIRES.

CATÉGORIES de LOGEMENTS — NOMBRE DE PIÈCES	LOCATAIRES																					TOTAUX
	1	2	3	4	5	6	7	8	9	10	11	12	13	14	15	16	17	18	19	20	PLUS de 20	
1 pièce	967	2.029	1.703	1.390	1.113	880	597	434	335	274	185	163	117	92	97	64	51	59	45	44	302	10.947
2 —	275	882	1.098	1.104	906	859	741	579	446	377	292	248	160	133	11	102	78	70	58	38	331	8.998
3 —	156	736	1.211	1.198	1.217	1.107	992	795	686	370	442	399	263	202	158	123	100	90	66	46	360	10.930
4 —	120	805	1.537	1.812	1.733	1.544	1.376	1.194	1.000	804	628	480	365	286	234	179	140	118	104	88	430	15.011
5 —	48	317	758	956	985	963	830	679	566	428	359	205	202	184	153	125	105	70	57	57	370	8.522
6 —	13	108	319	458	586	606	558	464	422	290	226	217	127	111	96	67	73	59	41	47	273	5.172
7 —	8	41	119	233	322	335	364	339	289	223	189	163	99	79	59	39	33	31	20	20	215	3.249
8 —	4	20	31	107	146	201	220	200	204	164	133	101	94	38	44	34	27	36	26	14	168	2.052
9 —	3	5	15	44	68	86	116	107	130	92	87	85	59	48	27	26	17	16	17	11	124	1.183
10 —	2	7	14	22	41	64	57	91	94	89	85	74	55	28	45	30	14	16	15	8	123	971
11 pièces et plus	3	12	14	32	43	77	111	144	186	175	180	223	138	171	141	129	114	98	93	70	777	2.939
TOTAUX	1.599	4.962	6.839	7.365	7.272	6.722	5.971	5.026	4.356	3.489	2.806	2.454	1.681	1.392	1.165	920	781	672	544	478	3.481	69.974

MOSCOU 1882

SUR 1.000 MÉNAGES DE CHAQUE CATÉGORIE, COMBIEN HABITENT DES LOGEMENTS DE 1 PIÈCE, DE 2 PIÈCES, ETC.?

MÉNAGES COMPOSÉS DE	LOGEMENTS COMPOSÉS DE											
	1 PIÈCE	2 PIÈCES	3 PIÈCES	4 PIÈCES	5 PIÈCES	6 PIÈCES	7 PIÈCES	8 PIÈCES	9 PIÈCES	10 PIÈCES	Plus de 10 PIÈCES	TOTAUX
1 personne	606	172	98	75	30	8	5	2	2	1	1	1.000
2 personnes	409	178	148	162	64	22	8	4	1	2	2	1.000
3 —	250	160	178	224	111	47	17	7	2	2	2	1.000
4 —	190	150	162	246	131	62	32	14	6	3	4	1.000
5 —	156	138	162	242	136	81	44	20	9	6	6	1.000
6 —	131	128	164	229	144	90	50	30	13	10	11	1.000
7 —	100	124	166	230	140	94	61	37	20	10	18	1.000
8 —	87	115	158	237	135	92	68	40	21	18	29	1.000
9 —	77	102	157	230	130	97	66	47	30	21	43	1.000
10 —	78	108	164	231	121	86	64	47	26	25	50	1.000
11 —	66	105	157	224	129	80	67	47	31	30	64	1.000
12 —	67	101	163	198	120	89	66	41	35	30	90	1.000
13 —	70	95	158	217	120	75	59	56	35	33	82	1.000
14 —	66	95	145	206	133	80	57	41	34	20	123	1.000
15 —	83	95	136	201	132	83	51	37	23	38	121	1.000
16 —	70	111	136	195	136	73	42	37	28	32	140	1.000
17 —	66	100	140	180	135	93	68	34	21	17	146	1.000
18 —	88	104	134	176	117	88	46	54	24	24	145	1.000
19 —	83	107	121	191	104	75	37	48	31	28	175	1.000
20 —	92	122	96	184	120	98	61	29	23	16	159	1.000
Plus de 20 personnes	87	95	103	125	106	70	62	48	36	35	224	1.000
TOTAL	156	129	156	215	122	74	47	29	17	13	42	1.000

SUR 1.000 LOGEMENTS DE CHAQUE CATÉGORIE, COMBIEN SONT OCCUPÉS PAR 1 PERSONNE, PAR 2 PERSONNES, ETC.?

MÉNAGES COMPOSÉS DE	LOGEMENTS COMPOSÉS DE												
	1 PIÈCE	2 PIÈCES	3 PIÈCES	4 PIÈCES	5 PIÈCES	6 PIÈCES	7 PIÈCES	8 PIÈCES	9 PIÈCES	10 PIÈCES	Plus de 10 PIÈCES	Sans indication du nombre de pièces	TOTAUX
1 personne	89	31	14	8	6	2	2	2	2	2	1	39	23
2 personnes	185	98	68	54	37	21	13	10	4	7	4	145	71
3 —	156	121	111	102	89	62	37	25	13	14	4	151	98
4 —	128	123	109	120	112	89	72	52	37	23	11	102	105
5 —	102	111	111	117	115	113	100	71	58	42	15	78	104
6 —	81	96	101	103	113	117	103	98	73	66	26	65	96
7 —	53	83	91	91	98	108	112	107	98	59	38	49	86
8 —	40	64	73	80	80	90	105	97	91	94	49	56	72
9 —	30	50	63	67	66	82	89	99	110	94	63	39	62
10 —	25	42	52	54	50	58	69	80	78	92	60	46	50
11 —	17	33	41	42	42	44	38	65	73	88	61	30	40
12 —	15	28	37	32	35	42	50	49	72	76	76	26	35
13 —	10	18	24	24	24	24	30	46	50	57	47	13	24
14 —	8	15	19	19	22	21	24	28	41	20	58	16	20
15 —	9	12	14	16	18	19	18	21	23	46	48	13	17
16 —	6	11	11	12	15	13	12	17	22	31	44	19	13
17 —	4	8	10	9	12	14	16	13	14	14	39	19	10
18 —	5	7	8	8	9	11	9	18	13	16	33	13	9
19 —	4	6	6	7	7	8	6	13	14	15	32	13	8
20 —	4	6	4	6	7	9	9	7	9	8	26	6	7
Plus de 20 personnes	27	37	33	29	43	53	66	82	105	127	265	62	50
TOTAL	1.000	1.000	1.000	1.000	1.000	1.000	1.000	1.000	1.000	1.000	1.000	1.000	1.000

SUR 100 MÉNAGES DE CHAQUE CATÉGORIE, COMBIEN HABITENT DANS DES LOGEMENTS DE CHAQUE CATÉGORIE?

CATÉGORIES de LOGEMENTS	1 PERSONNE		2 PERSONNES		3 PERSONNES	
	PARIS	MOSCOU	PARIS	MOSCOU	PARIS	MOSCOU
1 pièce	71	60	33	41	17	25
2 pièces	17	17	32	18	32	16
3 —	7	10	18	15	24	18
4 —	3	8	9	16	13	22
5 —	1	3	4	5	6	11
6 —	0,5	1	2	2	3	5
7 — et plus.	0,5	1	2	2	5	3
TOTAUX	100	100	100	100	100	100

Les chiffres qui précèdent sont beaucoup plus intéressants pour Paris que pour Moscou, puisque ces ménages restreints, qui constituent la règle à Paris, ne sont que l'exception dans la ville russe.

Il est plus fréquent à Moscou qu'à Paris de voir des ménages de 2 ou 3 personnes s'entasser dans une seule pièce, mais il est, aussi, plus fréquent de les voir jouir d'un appartement de 4 pièces ou plus. Tandis que, le plus souvent à Paris, ces ménages ont un logement de 2 ou 3 pièces.

Considérons, à présent, des ménages plus considérables :

Ceux-ci, nous l'avons dit, sont rares à Paris et nombreux à Moscou.

SUR 100 MÉNAGES DE CHAQUE CATÉGORIE, COMBIEN HABITENT DANS DES LOGEMENTS DE CHAQUE CATÉGORIE?

CATÉGORIES de LOGEMENTS	4 PERSONNES		5 PERSONNES		6 PERSONNES		7 PERSONNES ET PLUS	
	PARIS	MOSCOU	PARIS	MOSCOU	PARIS	MOSCOU	PARIS	MOSCOU
1 pièce	10	19	6	16	4	13	1	8
2 pièces	29	15	25	14	22	13	9	11
3 —	26	16	25	16	24	16	13	13
4 —	15	25	17	24	16	23	10	20
5 —	7	13	9	13	9	14	7	13
6 —	5	6	6	8	7	9	6	9
7 — et plus.	8	6	12	9	18	12	54	26
TOTAUX	100	100	100	100	100	100	100	100

Ici, encore, nous trouvons que le nombre des familles extraordinairement mal logées est beaucoup plus élevé à Moscou qu'à Paris; les familles médiocrement logées (4 à 6 personnes dans 2 ou 3 pièces) sont plus nombreuses à Paris; les familles dans lesquelles le nombre des pièces égale, à peu près, le nombre des personnes sont un peu plus nombreuses à Moscou. — Enfin, les familles très largement logées paraissent un peu plus nombreuses à Paris.

CONCLUSIONS

Les logements de 1, 2 ou 3 pièces sont trop souvent surpeuplés à Paris, au point que 14 0/0 de la population vit dans un état d'encombrement aussi fâcheux pour l'hygiène que pour la morale.

La Ville de Paris n'atteint pas le résultat charitable qu'elle désire en exemptant d'impôt toutes les locations valant moins de 500 francs par an. En effet, parmi les locaux composés d'une seule pièce, les deux tiers sont habités par des individus vivant seuls, qui n'ont pas besoin de locaux plus spacieux; parmi les 226.504 locaux de deux pièces, il y en a 75.473 qui sont occupés par des ménages de deux personnes qui s'y trouvent parfaitement à l'aise, et, enfin, il y a 45.988 logements de deux pièces qui sont occupés par des individus vivant seuls, pour qui un logement de deux pièces constitue une sorte de luxe. Au total, sur les 541.790 logements composés de une ou deux pièces, qui sont presque tous dégrevés au détriment des autres contribuables, il y en a près de 400.000 dont le faible loyer n'est nullement un indice de pauvreté.

De là résulte que, pour calculer équitablement l'impôt, il faut tenir compte, non seulement de la valeur du logement, mais en même temps du nombre de personnes qui y vivent. Tel loyer qui, pour un ménage composé d'une personne, est l'indice du bien-être, est, pour un ménage composé de 5 personnes, l'indice de la misère.

L'encombrement excessif se rencontre, à Paris, dans les arrondissements excentriques (Passy et Batignolles exceptés). La carte de l'encombrement coïncide remarquablement avec la carte de la mortalité, parce que l'encombrement et la mortalité résultent l'un et l'autre de la misère.

Plus les familles sont nombreuses, plus il est fréquent qu'elles soient mal logées.

Les diagrammes qui terminent cette étude résument autant que possible (1) les conditions de logement dans les grandes capitales européennes.

On y voit que le nombre de logements composés d'une seule pièce est incomparablement plus grand à Paris que dans les autres grandes capitales. Cela tient surtout à ce que le Parisien, même très pauvre et isolé, ne se soumet pas à la promiscuité fâcheuse des *Schlafleute* (locataires de lit); ceux-ci n'existent pas à Paris. L'homme le plus pauvre préfère vivre seul, afin de vivre chez lui.

L'encombrement excessif est encore plus fréquent à Berlin, à Budapest, à Saint-Pétersbourg, à Moscou, qu'il ne l'est à Paris.

(1) Nous avons expliqué plus haut combien cette comparaison est délicate, les définitions étant différentes dans chaque ville.

Si l'on regarde comme *surpeuplés* les logements dans lesquels le nombre des habitants dépasse le double du nombre des pièces, on arrive aux résultats suivants (calculés selon la méthode indiquée dans le tableau de la page 7) :

	Population totale *a*	Nombre d'habitants vivant dans des logements surpeuplés *b*	Pour 100 $\frac{b}{a}$
Paris (1891)	2.424.705	331.976	14
Berlin (1885)	1.315.387	363.960	28
Vienne (1890)	1.364.548	387.000	28
Budapest (1891)	468.759	348.609	74
Saint-Pétersbourg (1890)	956.226	442.508	46
Moscou (1882)	750.867	236.649	31

Ces chiffres ne sont d'ailleurs donnés qu'à titre d'indication générale ; ils ne sont pas rigoureusement comparables, étant donné les différences que nous avons notées dans la définition du mot *pièce*. Ils permettent pourtant d'affirmer que le surpeuplement est moins fréquent à Paris que dans les cinq autres capitales.

INDEX

	Pages.		Pages.
Paris	3	Budapest	22
Berlin	11	Saint-Pétersbourg	23
Londres	15	Moscou	29
Vienne	16	Conclusions	33

IMPRIMERIE CENTRALE DES CHEMINS DE FER. — IMPRIMERIE CHAIX, RUE BERGÈRE, 20, PARIS. — 12923-5-95.

www.ingramcontent.com/pod-product-compliance
Ingram Content Group UK Ltd.
Pitfield, Milton Keynes, MK11 3LW, UK
UKHW021122230726
13926UKWH00002B/608